液压传动系统课程设计

谢 群 舒启林 主编

北京理工大学出版社
BEIJING INSTITUTE OF TECHNOLOGY PRESS

内 容 简 介

本书结合了近年来新的设计方法及最新国家标准,全面系统地介绍了液压传动系统的设计方法。本书以典型液压系统为实例,阐述了液压传动系统的设计计算、液压缸的结构设计、液压元件集成设计、液压油箱及液压泵站结构设计,并提供了可选用的常用液压泵、目前应用普遍的液压阀和最新应用的辅助元件等相关资料,供相关人员在设计液压传动系统时选用。

本书可作为我国高等院校机械设计制造及自动化专业、机械电子工程专业以及其他相关专业液压传动系统设计课程的指导教材,也可供从事液压技术相关的工程技术人员、研究人员和高等工科院校有关师生学习和参考。

图书在版编目(CIP)数据

液压传动系统课程设计 / 谢群,舒启林主编. —北京:北京理工大学出版社,2020.7(2023.2重印)

ISBN 978-7-5682-8791-3

Ⅰ. ①液… Ⅱ. ①谢… ②舒… Ⅲ. ①液压传动系统-课程设计-高等学校 Ⅳ. ①TH137

中国版本图书馆 CIP 数据核字(2020)第 136292 号

出版发行 / 北京理工大学出版社有限责任公司

社　　址 / 北京市海淀区中关村南大街 5 号

邮　　编 / 100081

电　　话 / (010)68914775(总编室)

　　　　　(010)82562903(教材售后服务热线)

　　　　　(010)68948351(其他图书服务热线)

网　　址 / http://www.bitpress.com.cn

经　　销 / 全国各地新华书店

印　　刷 / 唐山富达印务有限公司

开　　本 / 787 毫米×1092 毫米　1/16

印　　张 / 16.25　　　　　　　　　　　　　　责任编辑 / 高　芳

字　　数 / 382 千字　　　　　　　　　　　　　文案编辑 / 赵　轩

版　　次 / 2020 年 7 月第 1 版　2023 年 2 月第 2 次印刷　　责任校对 / 刘亚男

定　　价 / 52.00 元　　　　　　　　　　　　　责任印制 / 李志强

前　言

液压技术应用非常广泛，主要应用在制造业、交通运输、军事装备和国防工业等各个领域，是农业、工业、国防和科学技术现代化中不可替代的一项重要基础技术，也是当代工程师应该掌握的重要基础知识之一。

本书旨在为机械类本科"液压传动系统课程设计"提供指导，重点介绍液压传动系统的计算和结构设计，并通过典型实例介绍液压传动系统的设计过程，对液压缸、液压集成块和液压泵站的设计方法进行了详细说明。全书分 7 章：第 1 章介绍液压传动系统课程设计的目的、意义、内容、方法和基本要求；第 2 章介绍液压传动系统的设计与计算，通过设计一台立式单缸传动液压机的液压系统来阐述液压系统的设计与计算过程；第 3 章介绍液压缸的结构设计和工程图的绘制；第 4 章介绍液压元件集成设计，包括液压集成回路的设计、叠加阀集成回路的设计、二通插装阀集成回路的设计，全面反映了液压阀的集成形式；第 5 章介绍液压泵站结构及液压油箱设计；第 6、7 章提供了常用液压泵和目前生产实际中应用普遍的德国力士乐型号液压阀和最新应用的辅助元件，可以在液压系统设计中选用。书中所有液压符号和回路的绘制全部按照 GB/T 786.1—2009 和 GB/T 786.2—2018 中最新国家标准绘制。本书不仅能用于液压传动系统课程设计指导，也可为工程技术人员设计液压传动系统提供参考。

本书由谢群、舒启林主编，参加编写的有沈阳理工大学崔广臣、王健、闫家超、马春峰、李艳杰、关丽荣、岳国盛，以及沈阳工业大学王洁。

由于编者水平有限，书中难免有不到之处，敬请广大读者指正。

编　者
2020 年 3 月

目　录

第1章
绪 论

1.1 液压传动系统课程设计的目的及意义

目前，液压技术在各行各业应用极其广泛，已经成为工业、农业、国防科学技术现代化等领域中不可替代的一项重要基础技术，也是当代工程师应该掌握的重要基础技术之一。"液压传动系统课程设计"是相关专业学生在学习完液压传动系统理论课程及其他相关课程之后进行的综合实践性教学。

学习液压传动系统课程设计，要求学生达到以下目的。

（1）巩固和加深液压传动系统和其他相关课程的理论知识。

（2）掌握液压传动系统设计、计算的一般方法和步骤。

（3）熟练运用液压基本回路，设计满足性能要求的液压系统原理图。

（4）合理确定液压执行机构、选择标准液压元件。

（5）掌握液压元件的计算和液压系统性能验算。

（6）正确选择液压缸的结构类型，掌握液压缸设计、计算的方法，完成液压缸的结构设计。

（7）提高工程运算、机械制图、结构设计和计算机应用的能力。

（8）熟练运用相关国家标准和规范、设计手册和产品样本等技术资料。

液压传动系统课程设计能够使学生进一步熟悉和掌握液压传动系统的基本概念、基本原理，更能掌握液压系统的设计内容、步骤和方法，培养学生综合运用所学知识解决实际问题的能力，提高学生的分析能力、设计能力、实践能力、协作精神和创新能力，为工作中解决液压系统设计的工程问题打下良好的基础。

在完成液压系统原理设计和液压缸结构设计的基础上，学生也可以选择完成液压集成回路设计和液压泵站设计，以全面掌握完整液压传动系统的设计方法。

1.2 液压传动系统课程设计的内容和方法

液压传动系统课程设计一般包括以下内容。

（1）明确设计要求，进行工况分析，确定液压传动系统的参数，拟定液压系统原理图。

（2）液压元件的设计计算和选择，专用零部件（如液压缸、液压集成阀、和液压站）的结构设计。

（3）液压传动系统的性能验算。

（4）绘制液压系统原理图。

（5）绘制液压缸、液压集成阀和液压站的零件图和装配图。

（6）编写设计与计算说明书。

液压传动系统课程设计过程与机械设计过程相似，即明确设计要求、查阅相关资料、设计方案、进行相关计算、选择元件和结构设计，最后以图纸的形式表达设计结果，以说明书的形式表达设计依据。

液压传动系统设计步骤并无严格的顺序要求，各步骤之间往往需要穿插进行。

液压传动系统课程设计的基本方法如下。

（1）根据设计任务书的要求明确设计任务，了解执行元件的动作要求、设计参数和性能要求等，查找相关资料。

（2）初选系统工作压力，对执行元件进行工况分析并作出工况图，找出系统的最大流量和最大压力点，便于液压元件的计算和选择。拟定液压系统原理图，进行液压元件设计和液压系统性能验算，从而选择液压元件。

（3）确定液压缸的结构形式（类型、安装方式、密封形式、缓冲结构、排气装置等），计算液压缸主要零件的强度和刚度，完成液压缸的结构设计图。选择装配方案，绘制液压集成块、油泵电动机组、油箱和液压站的装配图。

液压系统原理的设计需要熟练掌握液压元件和液压基本回路的结构、工作原理、性能和应用，从而设计出满足使用要求的系统原理。液压缸等结构的设计需要边画图、边计算、边修改。在进行系统设计时必须从实际出发，综合考虑系统的先进性、实用性、经济性和安全性，并且系统需满足操作简单、维护方便等要求。

1.3　液压传动系统课程设计的基本要求

1. 严谨、认真的工作态度

液压传动系统设计工作中无论是参数计算、元件选型还是液压传动系统结构设计都应该保持严谨、认真的工作态度。对于产品而言，设计上任何一点微小的差错都有可能导致整个设备无法运行甚至报废，因此，在设计中的工作态度是决定产品质量的关键。

2. 有借鉴更有创新

通过调研、大量查阅参考资料，在设计中汲取以往的设计经验，既可以减少重复设计，缩短设计周期，又可以提高设计质量。但是，任何新的设计任务有其特定的设计要求和具体的工作条件，因而我们要经过具体分析后借鉴别人的成果，而不应该机械地抄袭。

设计者更应该利用所学知识勤于思考，敢于提出新方案和新结构并在设计实践中总结和改善，不断提高自己的设计能力。

3. 符合标准和规范

在设计中正确使用标准和规范，有利于零件的互换和加工，可以减少设计工作量，从而提高经济效益。但当标准与规范不能满足设计要求时，又应该进行专用零部件的设计。

4. 正确处理公式计算和结构设计之间的关系

在结构设计尺寸中，由几何关系导出的公式计算得出的尺寸一般不能随意圆整和变动；由强度计算等得出的尺寸决定了零件最小尺寸；由经验公式确定的尺寸，一般需要圆整选取；自行设计尺寸一般为次要尺寸，可根据加工、使用等条件参照类似结构用类比的方法确定。

5. 采用先进的设计手段

可以利用计算机仿真软件验证液压系统设计的合理性并进行修改，也可以利用计算机二维或三维 CAD 辅助设计工具进行液压系统原理设计、液压系统结构零部件的设计与校核。

6. 保证设计质量

绘制的图纸要求作图准确，表达清晰，图面整洁，符合机械制图标准；课程设计说明书要求计算准确，严格按照要求的书写格式，书写工整。

第2章

液压传动系统的设计与计算

液压传动系统（以下简称液压系统）的设计要同主机的总体设计同时进行，以保证整机性能的优良。设计时必须有机地结合各种传动形式，充分发挥液压传动的优点，以满足主机工作循环所需的全部技术要求，从而设计出结构简单、工作可靠、成本低、效率高、操作简单和维护方便的液压系统。

液压系统的设计流程如图2-1所示，液压系统的设计步骤并无严格顺序，设计流程中各项工作内容有时要相互穿插进行，对于简单的液压系统，有些步骤可以适当简化；对于复杂系统，需经过反复论证修改才能完成。

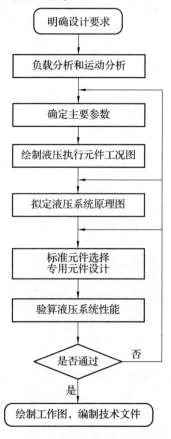

图2-1 液压系统的设计流程

2.1 明确设计要求并进行工况分析

2.1.1 明确设计要求

设计要求是液压系统设计的依据,具体包括以下内容。

(1)主机概况:主机的用途、性能、结构、工艺流程和总体布局等。

(2)动作要求:液压系统要完成的动作、执行元件的类型、动作顺序及彼此连锁关系等。

(3)性能要求:液压执行元件所需输出力和速度的大小、调速范围、运动平稳性、转换精度等。

(4)控制要求:自动化程度,操作控制方式的要求。

(5)环境要求:对防尘、防爆、防寒、噪声的要求。

(6)其他要求:对效率、成本和安全可靠性的要求。

2.1.2 进行工况分析

液压系统的工况分析就是研究每个液压执行元件在各自工作循环中负载和速度的变化规律,在此基础上绘制出负载循环图(动力分析)和速度循环图(运动分析),为确立系统的主要参数提供依据。

1. 动力分析

液压执行元件上的外负载包括工作负载、摩擦负载和惯性负载。

1)液压缸负载分析

液压缸驱动工作机构在直线运动时,液压缸所受的外负载为

$$F_w = F_e + F_f + F_a \qquad (2-1)$$

(1)工作负载 F_e。工作负载与设备的工作性质有关,有恒值负载和变值负载之分,也有阻力负载(正值负载)和超越负载(负值负载)之分。常见的工作负载有作用于活塞杆轴线上的重力、切削力和挤压力等,这些作用力的方向与活塞运动方向相同时为负,相反时为正。

(2)摩擦负载 F_f。摩擦负载为液压缸驱动工作机构工作时所要克服的机械摩擦阻力。对于机床来说,即为导轨的摩擦阻力。

对于平导轨,其摩擦负载为

$$F_f = \mu F_N \qquad (2-2)$$

对于 V 形导轨,其摩擦负载为

$$F_f = \mu F_N / \sin \frac{\alpha}{2} \qquad (2-3)$$

式中:F_N 为运动部件重力及外负载作用于导轨上的正压力,单位为 N;μ 为摩擦因数,如表 2-1 所示;α 为 V 形导轨的夹角,一般为 90°。

表 2-1 摩擦因数 μ

导轨类型	导轨材料	运动状态	摩擦因数
滑动导轨	铸铁对铸铁	起动时	0.15 ~ 0.20
		低速（$v < 0.16$ m/s）	0.1 ~ 0.12
		高速（$v > 0.16$ m/s）	0.05 ~ 0.08
滚动导轨	铸铁对滚柱（珠）	—	0.005 ~ 0.02
	淬火钢导轨对滚珠		0.003 ~ 0.006
静压导轨	铸铁	—	0.005

（3）惯性负载 F_a。惯性负载的表达式为

$$F_a = \frac{G}{g} \frac{\Delta v}{\Delta t} \tag{2-4}$$

式中：G 为运动部件的重力，单位为 N；g 为重力加速度，$g = 9.81$ m/s²；Δv 为速度变化量，单位为 m/s；Δt 为起动或制动时间，单位为 s。一般机械 $\Delta t = 0.1 \sim 0.5$ s，对轻载低速运动部件取小值，对重载高速部件取大值。行走机械可取 $\frac{\Delta v}{\Delta t} = 0.5 \sim 1.5$ m/s²。

除外负载 F_w 外，作用于液压缸活塞上的负载 F 还包括液压缸密封处的摩擦阻力 F_m，由于液压缸制造质量、油液工作压力和密封形式不同，摩擦阻力难以精确计算，因此一般将它计入液压缸的机械效率中考虑，估算公式为

$$F_m = (1 - \eta_m) F \tag{2-5}$$

式中：η_m 为液压缸的机械效率，一般取 $0.90 \sim 0.95$。

将 $F = F_m + F_w$ 代入式（2-5）得

$$F = \frac{F_w}{\eta_m} \tag{2-6}$$

根据计算出的负载和循环周期，可绘制出负载循环图（$F - t$ 图）。图中的最大负载是初选液压缸工作压力和确立液压缸结构尺寸的依据。

2）液压马达负载分析

当工作机构做旋转运动时，液压马达必须克服负载力矩，其公式为

$$T_w = T_e + T_f + T_a \tag{2-7}$$

（1）工作负载力矩 T_e。常见的工作负载力矩有被驱动轮的阻力矩，液压卷筒的阻力矩等。

（2）摩擦负载力矩 T_f。旋转部件轴颈处的摩擦负载力矩为

$$T_f = G\mu R \tag{2-8}$$

式中：G 为旋转部件施加于轴颈处的径向力，单位为 N；μ 为摩擦因数，分为静摩擦因数 μ 和动摩擦因数 μ_d；R 为旋转轴半径，单位为 m。

（3）惯性负载力矩 T_a。惯性负载力矩为

$$T_a = J\varepsilon = J \frac{\Delta \omega}{\Delta t} \tag{2-9}$$

式中：ε 为角加速度，单位为 rad/s^2；J 为回转部件的转动惯量，单位为 $kg \cdot m^2$；$\Delta\omega$ 为角速度变化量，单位为 rad/s；Δt 为起动或制动时间，单位为 s。

计算液压马达转矩 T 时还要考虑液压马达的机械效率 η'_m（$\eta'_m = 0.9 \sim 0.99$），液压马达转矩 T 的公式为

$$T = \frac{T_w}{\eta'_m} \tag{2-10}$$

根据以上公式即可绘制液压马达的负载循环图。

2. 运动分析

液压系统的运动分析是按照设备的工艺要求，研究执行元件完成 1 个工作循环时的运动规律，并绘制速度循环图（$v - t$ 图）。

因为速度循环图反映了液压缸所需流量的变化规律，因此它是选择系统参数的依据。同时，速度循环图反映了速度变化，因此也是计算惯性负载的依据。因而绘制速度循环图通常与负载循环图同时进行。

2.2　确定液压系统的主要参数

压力和流量是液压系统最主要的两个参数，也是计算和选择液压元件、辅助元件和原动机规格型号的依据。首先根据负载循环图选择系统的工作压力，工作压力选定后，即可确定液压缸的主要尺寸或液压马达排量，然后可根据执行元件的速度循环图确定其流量。

2.2.1　初选系统的工作压力

工作压力要根据负载大小和设备类型而定。当负载确定后，若工作压力低，则执行元件的结构尺寸就大，设备尺寸也随之增加，材料消耗增大，完成给定速度所需的流量也大；若工作压力太高，对泵、缸、阀等元件的材质、密封、制造精度要求也高，必然提高设备成本。因此，工作压力应结合各方面因素综合考虑。一般可以根据不同机械设备类型来选取，各种机械常用的系统工作压力如表 2-2 所示。

表 2-2　各种机械常用的系统工作压力

机械类型	机　　床				农业机械 小型工程机械 建筑机械 液压凿岩机	液压机 大中型挖掘机 重型机械 起重运输机械
	磨　床	组合机床	龙门刨床	拉　床		
工作压力/MPa	0.8 ~ 2	3 ~ 5	2 ~ 8	8 ~ 10	10 ~ 18	20 ~ 32

2.2.2　计算液压缸主要结构的尺寸和液压马达排量

对于液压缸来说，以单活塞杆液压缸无杆腔作为工作腔为例，如图 2-2 所示，则

$$p_1A_1 - p_2A_2 = F \qquad (2-11)$$

式中：p_1 为液压缸工作腔工作压力，单位为 Pa；p_2 为液压缸回油腔压力，单位为 Pa，即背压力，其值根据系统具体情况而定，初选时可参照表 2-3 选取，差动连接时另行考虑；A_1 为无杆腔活塞有效作用面积，单位为 m^2，$A_1 = \dfrac{\pi}{4}D^2$；A_2 为有杆腔活塞有效作用面积，单位为 m^2，$A_2 = \dfrac{\pi}{4}(D^2 - d^2)$；$D$ 为活塞直径，单位为 m；d 为活塞杆直径，单位为 m。

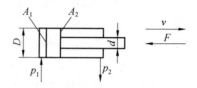

图 2-2　液压缸主要设计参数

表 2-3　执行元件背压力经验数据

回路特点	背压力/MPa
回油路带节流阀	0.2 ~ 0.5
回油路带调速阀	0.4 ~ 0.6
回油路设有背压阀	0.5 ~ 1.5
用补油泵的闭式回路	0.8 ~ 1.5
回油路较复杂的工程机械	1.2 ~ 3
回油路较短，且直接回油箱	可忽略不计

运用式 (2-11) 计算液压缸结构尺寸时，还必须事先确定杆径比 d/D。当活塞杆受拉力时，一般取 $d/D = 0.3 ~ 0.5$；当活塞杆受压力时，为保证压杆稳定性，一般取 $d/D = 0.5 ~ 0.7$，可按表 2-4 选取。当液压缸往返速度都有要求时，则按往返速比 v_2/v_1（其中 v_1、v_2 分别为液压缸正、反行程速度）的要求选取，即根据 $v_1A_1 = v_2A_2$ 选取，则 $d/D = \sqrt{1 - \dfrac{v_1}{v_2}}$。当采用差动连接时，如要求往返速度相同，则应取 $d = 0.71D$。

表 2-4　按工作压力选取 d/D

工作压力/MPa	≤5	5 ~ 7	≥7
d/D	0.5 ~ 0.55	0.62 ~ 0.7	0.7

对于行程与活塞杆直径比 $l/d > 10$ 的受压柱塞或活塞杆还要作压杆稳定性验算。

当工作速度很低时，还得按最低稳定速度来验算，即

$$A \geqslant \frac{q_{min}}{v_{min}} \qquad (2-12)$$

式中：q_{min} 为系统最小稳定流量，在节流调速回路中，q_{min} 为流量阀最小稳定流量，在容积

调速回路中，q_{min} 为变量泵或变量马达的最小稳定流量；v_{min} 为液压缸所要求的最低工作速度。

液压缸直径 D 和活塞杆直径 d 的计算值，要按国标规定的液压缸的相关标准进行圆整。常用液压缸的内径和活塞杆外径尺寸如表 2-5 所示。

表 2-5 常用液压缸的内径和活塞杆外径尺寸（GB/T 2348—2018） 单位：mm

液压缸内径尺寸系列				活塞杆外径尺寸系列				
8	50	140	(360)	4	18	40	90	200
10	60	160	400	5	20	45	100	220
12	63	(180)	(450)	6	22	50	110	250
16	80	200	500	8	25	56	(120)	280
20	90	220	—	10	28	(60)	125	320
25	100	250	—	12	(30)	63	140	360
32	(110)	280	—	14	32	70	160	400
40	125	320	—	16	36	80	180	450

对于液压马达来说，其排量计算式为

$$V = \frac{2\pi T}{\Delta p} \tag{2-13}$$

式中：T 为液压马达总负载转矩，单位为 N·m；Δp 为液压马达进出口压力差，单位为 Pa。

当系统要求工作转速很低时，排量也要按最低转速要求验算，即

$$V \geqslant \frac{q_{min}}{n_{min}} \tag{2-14}$$

式中：q_{min} 为系统最小稳定流量；n_{min} 为马达所要求的最低转速。

排量确定后，可以从产品样本中选择液压马达型号。

2.2.3 计算执行元件所需流量

1. 液压缸所需的最大流量

液压缸所需的最大流量的计算公式为

$$q_{max} = Av_{max} \tag{2-15}$$

式中：A 为液压缸有效工作面积，单位为 m^2；v_{max} 为活塞的最大速度，单位为 m/s。

2. 液压马达所需的最大流量

液压马达所需的最大流量的计算公式为

$$q_{max} = Vn_{max} \tag{2-16}$$

式中：V 为液压马达排量，单位为 m^3/r；n_{max} 为液压马达最高转速，单位为 r/s。

2.2.4 绘制执行元件工况图

执行元件工况图包括压力循环图、流量循环图和功率循环图，它们是拟定液压系统原理和选择液压元件的基础。

液压执行元件的结构尺寸确定后，即可根据负载循环图算出一个循环中压力和时间的对应关系，绘制 $p-t$ 图。同时，利用速度循环图可绘制出执行元件的 $q-t$ 图。对于具有多个同时工作的执行元件的系统，应将各执行元件的 $q-t$ 图叠加绘出总的 $q-t$ 图，再根据功率 $P=pq$，绘出 $P-t$ 图。

2.3 拟定液压系统原理图

液压系统原理的合理性对系统的性能以及设计方案的经济性具有决定性影响。拟定液压系统原理图的方法是：根据具体动作性能要求，通过分析对比选择出合适的液压基本回路，然后将这些基本回路有机地组合成一个完整的液压系统。

1. 选择系统类型

液压系统的类型有开式系统和闭式系统，可以根据系统调速方式和安装空间大小来选择系统类型。若采用节流调速和容积节流调速方式，则有较大的空间放置油箱且要求结构简单的系统，宜采用开式系统；若采用容积调速方式，则要求减小体积和重量，且换向平稳、换向速度高和效率较高的系统，宜采用闭式系统。

2. 确定和选择基本回路

不同类型的液压机械所选择的液压基本回路不同，如对速度的调节、变换和稳定性要求较高的主机（如各类金属切削机床），调速和速度换接回路往往是组成这类机械液压系统的基本回路；对输出力、力矩或功率调节有要求而对速度调节无严格要求的设备（如大型挖掘机），其功率调节和分配是系统设计的核心，其系统特点是采用复合油路、功率调节回路等。

3. 选择执行元件

用于实现连续回转运动的执行元件应选用液压马达；若要求往复摆动，则应选用摆动液压缸或齿轮齿条式液压缸；若要求实现直线运动，则应选用活塞式液压缸或柱塞式液压缸；若要求双向工作进给，且双向输出的力、速度都相等，则应选用双杆活塞缸；若要求一个方向工作，反向退回，则应选用单杆活塞缸；若负载力不与活塞杆轴线重合或缸径较大，行程较长，则应选用柱塞缸。

4. 选择液压泵类型

选择液压泵类型的方法如下。

（1）根据初选系统压力选择泵的类型。当工作压力小于 21 MPa 时，选用齿轮泵和叶片泵；当工作压力大于 21 MPa 时，宜选用柱塞泵。

（2）若原动机为柴油机、汽油机，主机为行走机械，则宜选用齿轮泵、叶片泵。

（3）若系统采用节流调速回路，或通过改变原动机的转速调节流量，又或系统对速度无调节要求，则可选用定量泵或手动变量泵。

（4）若系统要求高效节能，则应选用变量泵。恒压变量泵适用于要求恒压源的系统；限压式变量泵和恒功率变量泵适用于要求低压大流量、高压小流量的系统；电液比例变量泵适用于多级调速系统；负载敏感变量泵（压差式变量泵）适用于要求随机调速且功率适宜的系统；双向变量泵多用于闭式系统。

（5）若液压系统有多个执行元件，各工作循环所需要的流量相差很大，则应选用多泵供油，实现分级调节。

5. 制定调速方案

液压调速分为节流调速、容积调速和容积节流调速。在压力较低、功率较小、负载变化不大且工作平稳性要求不高的场合，宜选用节流阀节流调速回路；在功率较小、负载变化较大且速度稳定性较高的场合，宜采用调速阀节流调速回路；当既要温升小，又要工作平稳性较好时，宜采用容积节流调速回路；在功率较大，要温升小而稳定性要求不高的情况下，宜采用容积调速回路。

6. 制定压力控制方案

压力控制方案如下。

（1）一般在节流调速回路中，通常由定量泵供油，泵出口溢流阀调节系统所需压力，并保持恒定。在容积调速回路中，用变量泵供油，溢流阀起安全保护作用，限制系统的最高压力。

（2）中低压小型液压系统为获得二次压力可选用减压阀的减压回路。

（3）立式缸回路应采用平衡阀的平衡回路。

（4）为使执行元件不工作时液压泵在很小输出功率下运行，定量泵系统一般选择卸荷回路，变量泵则实现压力卸荷或流量卸荷。

7. 制定方向控制方案

方向控制方案如下。

（1）对装载机、起重机、挖掘机等工作环境恶劣的液压系统，主要考虑安全可靠，一般采用手动（脚动）换向阀。

（2）对液压设备要求自动化程度较高的液压系统，应选用电动换向，当流量小时选用电磁换向阀，当流量大时选用电液换向阀或二通插装阀。采用电动换向时，各执行元件之间的顺序、互锁、联动等可由电气控制系统完成。

（3）采用双向变量泵的换向回路多用于闭式回路。

8. 选择其他回路

拟定系统原理时还需注意防止回路之间可能存在的相互干扰。例如，采用电液换向阀中位卸荷回路，需保证卸荷压力不低于电液阀要求的最小控制压力。另外，也要注意防止液压冲击和提高系统效率，为缩短设计周期、便于使用维护，尽量选用标准件、通用件等。

2.4 液压元件的计算和选择

2.4.1 液压泵的选择

1. 确定液压泵的最大工作压力 p_p

液压泵的最大工作压力计算式为

$$p_p \geqslant p_1 + \sum \Delta p \tag{2-17}$$

式中：p_1 为执行元件的最大工作压力，单位为 Pa；$\sum \Delta p$ 为液压泵出口到执行元件入口之间的压力损失，单位为 Pa。$\sum \Delta p$ 的准确计算要待元件选定并绘出管路图时才能进行，初选时可根据经验数据进行选取。当管路简单、流速不大时，取 $\sum \Delta p = 0.2 \sim 0.5$ MPa；当管路复杂、流速较大时取 $\sum \Delta p = 0.5 \sim 1.5$ MPa。

2. 确定液压泵的流量 q_p

多执行元件同时工作时，液压泵的流量的计算式为

$$q_p \geqslant K\left(\sum q\right)_{\max} \tag{2-18}$$

式中：K 为系统泄漏系数，一般取 $K = 1.1 \sim 1.3$，大流量取小值，小流量取大值；$\left(\sum q\right)_{\max}$ 为同时动作的执行元件的最大总流量，可从 $q - t$ 图上查得，对于在工作过程中用节流调速的系统，还须加上溢流阀的最小溢流量，一般取 $2 \sim 3$ L/min。

当系统使用蓄能器作辅助动力源时，液压泵的流量按系统在 1 个循环周期的平均流量选取，即

$$q_p \geqslant \frac{K}{T} \sum_{i=1}^{n} q_i t_i \tag{2-19}$$

式中：q_i 为执行元件在工作周期中的第 i 个阶段所需的流量，单位为 m^3/s；T 为设备的工作周期，单位为 s；t_i 为第 i 个阶段持续时间，单位为 s；n 为 1 个工作循环的阶段数。

3. 选择液压泵的规格

液压泵的规格需根据其类型、最大工作压力和流量，从样本中选取。为了使液压泵工作安全可靠，液压泵应有一定的压力储备，所选泵的额定压力应比系统最高工作压力高 $25\% \sim 60\%$（高压系统取小值，中低压系统取大值），额定流量应按所需最大流量选取。

2.4.2 确定液压泵的驱动功率

（1）按工况图 $p - t$ 图中最大功率点选取原动机功率，即

$$P \geqslant \frac{(p_p q_p)_{\max}}{\eta_p} \tag{2-20}$$

式中：$(p_p q_p)_{\max}$ 为液压泵的压力和流量乘积的最大值，单位为 W；η_p 为液压泵效率，齿轮泵取 0.6～0.8，叶片泵取 0.7～0.85，柱塞泵取 0.8～0.9。液压泵规格大取较大值，规格小取较小值。

（2）限压式叶片泵的驱动功率，可按流量特性曲线拐点的流量、压力值计算。一般拐点流量所对应的压力为液压泵最大压力的 80%，故其驱动功率计算公式为

$$P_p = \frac{0.8 p_{\max} q_n}{\eta_p} \tag{2-21}$$

式中：q_n 为液压泵额定流量；$p_{\max}$ 为液压泵的最大工作压力。

（3）若在整个工作循环中液压泵的功率变化较大，且在最高功率点持续时间很短，则按平均功率选取，即

$$P \geqslant \sqrt{\frac{\sum\limits_{i=1}^{n} P_i^2 t_i}{\sum\limits_{i=1}^{n} t_i}} \tag{2-22}$$

式中：P_i 为 1 个工作循环中，第 i 阶段的功率；t_i 为 1 个工作循环中，第 i 阶段持续的时间。

求出平均功率后，还要验算在工作循环中的每个阶段原动机的超载是否都在允许范围内，否则按最大功率选取。

2.4.3　控制阀的选择

控制阀规格是根据系统的最大工作压力和通过阀的最大流量来选择的。所选择的控制阀的额定压力和额定流量要大于系统的最高工作压力和实际通过阀的最大流量，特殊情况可适当增加通过的流量，但不得超过阀额定流量的 20%，否则会引起压力损失过大。具体选择压力阀时应考虑调压范围，选择流量阀时应注意其最小稳定流量是否满足执行元件的最低稳定速度要求，选择换向阀时除考虑压力、流量外，还应考虑其中位机能及操纵方式。

2.4.4　辅助元件的选择

1. 蓄能器的选择

根据蓄能器在液压系统中的功用确定其类型和主要参数。

（1）液压执行元件短时间快速运动，由蓄能器补充液压泵供油不足时，其有效工作容积为

$$\Delta V = \Sigma A l K - q_p t \tag{2-23}$$

式中：A 为液压缸有效工作面积，单位为 m^2；l 为液压缸行程，单位为 m；K 为油液损失系数，一般取 $K = 1.2$；q_p 为液压泵流量，单位为 m^3/s；t 为动作时间，单位为 s。

（2）作应急能源时，蓄能器的有效工作容积为

$$\Delta V = \Sigma A_i l_i K \tag{2-24}$$

式中：$\Sigma A_i l_i$ 为要求应急动作液压缸的总工作容积，单位为 m^3。

（3）用于吸收压力脉动，缓和液压冲击时，蓄能器的有效容积应与其关联部分一起综合考虑。

根据以上计算出蓄能器有效容积并考虑结构尺寸、质量、响应快慢、成本等因素，即可确定蓄能器的类型及规格。

2. 管道尺寸的选择

液压系统常用管道有钢管、铜管、橡胶软管、尼龙管等，可根据工作压力、工作环境进行选择。

1）管道内径的确定

管道内径一般根据所通过的最大流量和允许流速确定，即

$$d = \sqrt{\frac{4q}{\pi v}} = 1.13 \sqrt{\frac{q}{v}} \tag{2-25}$$

式中：q 为通过管道的最大流量，单位为 m^3/s；v 为管道内液体的允许流速，单位为 m/s。表 2-6 为管道中允许流速的推荐值。

表 2-6　管道中允许流速推荐值

管　道	允许流速/$(m \cdot s^{-1})$	
吸油管道	0.5 ~ 1.5	装有过滤器
	1.5 ~ 3	无过滤器
压油管道	3 ~ 4	中低压管道
	5 ~ 7	高压管道
回油管道	1.5 ~ 3	

2）管道壁厚的确定

根据强度理论管道壁厚为

$$\delta = \frac{pd}{2[\sigma]} \tag{2-26}$$

式中：p 为管道承受的最高压力，单位为 Pa；d 为管道内径，单位为 m；$[\sigma]$ 为管道材料的许用拉应力。$[\sigma] = \dfrac{R_m}{n}$，$R_m$ 为材料的抗拉强度，单位为 Pa；n 为安全系数，对于钢管，当 $p < 7$ MPa 时，取 $n = 8$，当 $p < 17.5$ MPa 时，取 $n = 6$；当 $p > 17.5$ MPa 时，取 $n = 4$。

3. 确定油箱容量

初始设计时，首先确定油箱的容量，系统确定后，再按散热要求进行校核。确定油箱容量的公式为

$$V = \alpha q \tag{2-27}$$

式中：V 为油箱容积，单位为 m^3；q 为液压泵总额定流量，单位为 L/min；α 为经验系数，

在低压系统中，$\alpha = 2 \sim 4$，在中压系统中，$\alpha = 5 \sim 7$，在高压系统中，$\alpha = 6 \sim 12$。行走机械或不连续工作的设备取小值，安装空间允许的固定设备取大值。

2.5 液压系统性能验算

2.5.1 液压系统压力损失验算

液压系统压力损失验算可以准确确定液压泵的工作压力。压力损失包括管路的沿程压力损失、局部压力损失及阀类元件的局部损失，管路压力损失可以根据流体力学的相关公式进行计算。

阀类元件的局部损失计算公式为

$$\Delta p = \Delta p_n \left(\frac{q}{q_n} \right) \tag{2-28}$$

式中：q_n 为阀的额定流量，单位为 m^3/s；q 为通过阀的实际流量，单位为 m^3/s；Δp_n 为阀的额定压力损失，单位为 Pa（可从产品样本中查到）。

如果计算得到的泵到执行元件间的压力损失比估算时大很多，应该重新调整泵及元、辅件的规格和管道尺寸。

2.5.2 系统发热及温升计算

液压系统工作时，存在机械损失、压力损失和容积损失，这些损失全部转化为热量，使油温升高。液压系统的功率损失主要有以下几种形式：液压泵和执行元件的功率损失、溢流阀的功率损失、油液流经阀或管路的功率损失。系统总发热量的估算公式为

$$Q = P_i (1 - \eta) \tag{2-29}$$

式中：P_i 为液压泵的输入功率，单位为 kW；η 为液压系统的总效率。

液压系统中产生的热量，主要由油箱进行散热，其散热量 Q_0 的计算式为

$$Q_0 = KA\Delta t \tag{2-30}$$

式中：A 为油箱散热面积，单位为 m^2；Δt 为系统温升，即系统达到热平衡时的油温与环境温度之差，单位为℃；K 为散热系数，单位为 $W/(m^2 \cdot ℃)$，通风很差时，$K = 8 \sim 10 \ W/(m^2 \cdot ℃)$，通风良好时，$K = 14 \sim 20 \ W/(m^2 \cdot ℃)$，风扇冷却时，$K = 10 \sim 25 \ W/(m^2 \cdot ℃)$，循环水强制冷却时，$K = 110 \sim 175 \ W/(m^2 \cdot ℃)$。

计算时，如果油箱三边的结构尺寸比例为 $1:1:1 \sim 1:2:3$，而且油位为油箱高的 80% 时，其散热面积的近似计算式为

$$A = 0.065 \sqrt[3]{V^2} \tag{2-31}$$

式中：V 为油箱有效容积，单位为 L。

计算所得的温升 Δt，加上环境温度，应不超过油液的最高允许温度。如果超过允许值，则必须适当增加油箱散热面积或采用冷却器来降低油温。

2.6 设计液压装置、编制技术文件

液压系统原理图设计完成之后，便可根据所选择或设计的液压元件、辅助元件，进行液压系统的结构设计。

2.6.1 液压装置的结构设计

1. 液压装置的结构形式

液压系统结构按元、辅件的布置方式分为集中布置和分散布置两种结构形式。

集中布置结构是将整个液压系统的动力源、控制及调节装置与辅助元件等集中设置于主机之外或安装在地下，组成液压站。这种形式的优点是安装、维护方便，利于消除液压系统的振动、发热等对主机精度的影响；缺点是占地面积大。此种结构形式主要用于固定式液压设备，如机床及其自动线、塑料机械、纺织机械、建筑机械等成批生产的主机的液压系统，以及单件小批的大型系统，如冶金设备、锻压设备等。对于有强烈热源和烟尘污染的液压设备，有时还需为液压站设置专门的隔离房间或地下室。

分散布置结构是把液压系统的液压泵、控制阀和辅助元件分别安装在主机的适当位置上，如金属加工机床可将机床的床身、立柱或底座等支撑件的空腔部分兼作液压油箱，安放动力源，而把液压阀等元件设置在机身上操作者便于接近和操纵调节的位置。这种形式的优点是节省安装空间和占地面积；缺点是安装维护比较复杂，动力源的振动、发热还会对机床类主机的精度产生不利影响。此种结构形式主要用于移动式液压设备，如车辆、工程机械等。

2. 液压泵站类型的选择

液压泵站按液压泵组是否置于油箱之上分为上置式和非上置式。根据电动机安装方式的不同，上置式液压泵站又可分为立式和卧式。上置式液压泵站结构紧凑，占地小，被广泛应用于中、小功率液压系统。非上置式液压泵站中的液压泵组置于油箱液面以下，能有效地改善液压泵的吸入性能，且装置高度低，便于维修，适用于功率较大的液压系统。

按规模大小，液压泵站可分为单机型、机组型和中央型。单机型液压泵站规模较小，通常将控制阀组置于油箱面板上，组成较完整的液压系统，且该液压泵站应用较广；机组型液压泵站是将一个或多个控制阀组集中安装在一个或几个专用阀台上，再与液压泵组和液压执行元件相连接，这种液压泵站适用于中等规模的液压系统；中央型液压泵站通常被安置在地下室内，以利于安装配管、降低噪声，保持稳定的环境温度和清洁度，该类液压泵站规模大，适用于大型液压系统。

3. 液压元件的集成

液压元件的安装形式分为板式安装和集成式安装。板式安装是把标准元件用螺钉固定在底板上，件与件之间的油路联系用油管连接或借助底板上的油道来实现。集成式配置是借助某种专用或通用的辅助件，把元件组合在一起。按辅助件形式的不同，液压元件可分为如下两种形式。

1）集成式

目前液压系统大多数都采用集成式，它将液压阀安装在集成块上，集成块一方面起安装底板作用，另一方面起内部油路作用。这种方式结构紧凑、安装方便。集成块材料一般为铸铁或锻钢，低压固定设备可用铸铁，高压强振场合要用锻钢。块的底面作为安装面，后面安装通向执行元件的管接头外，其余各面用来安装液压阀。一个系统往往由几个集成块所组成。

2）叠加式

叠加式不需要另外的连接块，阀本身既起控制阀作用，又起到连接通路的作用，通过螺钉将控制阀等元件直接叠加而成所需系统。

2.6.2　绘制工作图、编制技术文件

液压系统完全确定后，要正式地绘出液压系统工作图和编制技术文件。

1. 绘制工作图

工作图包括以下 5 种图。

（1）液压系统原理图。图上除了画出用元件图形符号表示的液压原理外，还应注明各元件的规格、型号以及压力调整值，并给出各执行元件的工作循环图，列出相应电磁铁和压力继电器的动作顺序表。

（2）元件集成块装配图和零件图。液压件厂能提供各种功能的集成块，设计者只需选用并绘制集成块组合装配图。如无合适的集成块可供选用，则需专门设计。

（3）泵站装配图和零件图。小型泵站有标准化产品选用，但大、中型泵站通常需单独设计，并绘出其装配图和零件图。

（4）非标准件的装配图和零件图。

（5）管路装配图。在管路装配图上应表示出各液压部件和元件在设备和工作场所的位置和固定方式，应注明管道的尺寸和布置位置，各种管接头的形式和规格、管路装配技术要求等。

2. 编写技术文件

技术文件一般包括液压系统设计计算说明书，液压系统使用及维护技术说明书，零部件目录表，标准件、通用件和外购件汇总表等。此外，还应提出电气系统设计任务书，供电气设计者使用。

2.7　液压系统设计计算举例

本节介绍一台立式单缸传动液压机液压系统设计实例。

设计一台立式单缸传动液压机的液压系统，要求实现的工作循环：低压快速下行→慢速加压→保压→快速回程→上位停止。设计的系统参数如下。

最大压制力： $\qquad F_e = 2 \times 10^6 \text{ N}$；

低压快速下行速度： $\qquad v_1 = 0.03 \text{ m/s}$；

慢速加压速度： $\qquad v_2 = 0.004 \text{ m/s}$；

快速回程速度： $\qquad v_3 = 0.03 \text{ m/s}$；

低压下行行程： $\qquad S_1 = 0.3 \text{ m}$；

高压下行行程： $\qquad S_2 = 0.05 \text{ m}$；

运动部件重力： $\qquad G = 25\ 000 \text{ N}$。

2.7.1 负载与运动分析

1. 负载分析

1）工作负载

工作负载即为最大压制力，其值为

$$F_e = 2 \times 10^6 \text{ N}$$

2）摩擦负载

液压缸立式安装，摩擦负载忽略，即

$$F_f = 0 \text{ N}$$

3）惯性负载

取运动部件加速、减速时间为 0.2 s，则惯性负载为

$$F_a = \frac{G}{g} \cdot \frac{\Delta v}{\Delta t} = \frac{25\ 000}{9.81} \times \frac{0.03}{0.2} \text{ N} = 382 \text{ N}$$

4）液压缸在各工作阶段的负载

液压缸在各工作阶段的负载值如表 2-7 所示，取液压缸机械效率 $\eta_{cm} = 0.9$。

表 2-7 液压缸在各工作阶段的负载值

工　况	计算公式	外负载 F_w /N	液压缸推力 $F = \dfrac{F_w}{\eta_{cm}}$ /N
起动	$F_w = 0$	0	0
加速	$F_w = F_a$	382	425
快速下行	$F_w = 0$	0	0
慢速加压	$F_w = F_e$	2×10^6	2.22×10^6
回程起动	$F_w = G$	25 000	27 778
回程加速	$F_w = G + F_a$	25 382	28 202
快速回程	$F_w = G$	25 000	27 778

2. 低压下行、慢速加压和快速回程的时间

低压下行、慢速加压和快速回程的时间计算如下。

低压下行时间：
$$t_1 = \frac{S_1}{v_1} = \frac{0.3}{0.03} \text{ s} = 10 \text{ s};$$

慢速加压时间：
$$t_2 = \frac{S_2}{v_2} = \frac{0.05}{0.004} \text{ s} = 12.5 \text{ s};$$

快速回程时间：
$$t_3 = \frac{S_1 + S_2}{v_3} = 11.7 \text{ s}。$$

3. 液压缸 $F-t$ 图与 $v-t$ 图

绘出液压 $F-t$ 图与 $v-t$ 图，如图2-3所示。

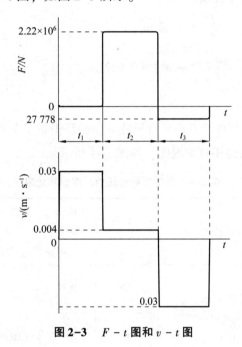

图2-3 $F-t$ 图和 $v-t$ 图

2.7.2 确定液压缸主要参数

1. 初选液压缸工作压力

参考表2-2，初选液压缸的工作压力为 25 MPa。

为减小液压泵的最大流量，空程前进时选用差动快速回路，为了满足运动部件快进与快退速度相等，选用液压缸无杆腔面积 A_1 与有杆腔面积 A_2 之比为 $2:1$，即 $d = 0.71D$（D 为液压缸内径，d 为活塞杆直径）。为了平衡运动部件自重，在液压缸有杆腔回油路上加平衡阀，平衡阀调定压力为 $p_2 = \dfrac{G}{A_2}$。

2. 计算液压缸主要尺寸

由高压下行时的推力计算液压缸无杆腔的有效面积的公式如下。

高压下行时的推力为
$$F = p_1 A_1 - p_2 A_2 + G;$$

液压缸无杆腔的有效面积为
$$A_1 = \frac{F}{p_1} = \frac{2.22 \times 10^6}{25 \times 10^6} \text{ m}^2 = 0.089 \text{ m}^2。$$

则液压缸直径为

$$D = \sqrt{\frac{4A_1}{\pi}} = \sqrt{\frac{4 \times 0.089}{3.14}} \text{ m} = 0.337 \text{ m}$$

按 GB/T 2348—2018 取标准值 $D = 320$ mm。

液压缸活塞杆直径为

$$d = 0.71D = 0.227 \text{ m}$$

按 GB/T 2348—2018 取标准值 $d = 220$ mm。

由此得出液压缸的实际有效面积为

无杆腔　　　　$A_1 = \frac{\pi D^2}{4} = 0.08 \text{ m}^2$；

有杆腔　　　　$A_2 = \frac{\pi}{4}(D^2 - d^2) = 0.042 \text{ m}^2$。

3. 绘制液压缸工况图

根据上述 A_1 和 A_2 值，可计算得到液压缸工作循环中各工况所需压力、流量和功率如表 2-8 所示，并据此绘出液压缸工况图，如图 2-4 所示。

表 2-8　各工况所需压力、流量和功率

工　况		计算公式	推力 F/N	回油腔压力 p_2/MPa	进油腔压力 p_1/MPa	输入流量 $q/(\text{L} \cdot \text{min}^{-1})$	输入功率 P/W
快速下行	起动	$p_1 = \dfrac{F}{A_1 - A_2}$	0	0.6	0	—	—
	加速	$p_2 = p_1 + \dfrac{G}{A_2}$	425	0.611 3	0.011 3	—	—
	恒速	$q = (A_1 - A_2)v_1$ $P = p_1 q$	0	0.6	0	68.4	—
慢速加压		$p_1 = \dfrac{F}{A_1}$ $p_2 = \dfrac{G}{A_2}$ $q = A_1 v_2$ $P = p_1 q$	2.22×10^6	0.6	27.75	19.2	8 880
快速回程	起动	$p_1 = \dfrac{F}{A_2}$	27 778	0	0.66	—	—
	加速	$q = A_2 v_3$ $P = p_1 q$	28 202	0	0.67	—	—
	恒速		27 778	0	0.66	75.6	832

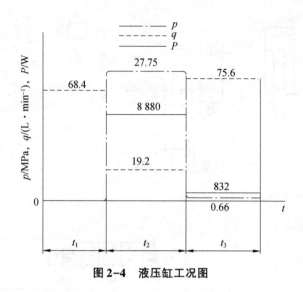

图 2-4　液压缸工况图

2.7.3　拟定液压系统原理图

1. 选择液压回路

1）选择调速回路

由液压缸工况图可知，液压机工作时所需功率较大，故采用容积调速回路，利用变量泵变量满足快速下行、慢速加压和快速回程的工作速度要求，容积调速回路效率高、发热小。快速下行时采用差动连接提高下行速度，并可使快速下行和快速回程速度相等。

2）选择油源形式

系统工作压力为高压，选用柱塞泵供油，分析工况图可知，系统在快速下行、快速回程时为低压、大流量，在加压下行时为高压、小流量，因此从提高系统效率、节省能量的角度来看，宜选用高、低压双泵供油回路或变量泵供油。本系统选用压力补偿变量柱塞泵供油方案。

3）选择换向回路

系统快速下行转换到慢速加压，通过行程开关控制二位四通电液换向阀实现换向；慢速加压到保压可以通过行程开关或压力继电器控制三位四通电液换向阀处于中位。

4）选择卸荷、保压和平衡回路

系统采用 M 型中位机能电液换向阀使液压泵不工作时卸荷，减小能量损失；采用液控单向阀实现保压；采用平衡阀平衡运动部件自重避免自行下落。

2. 拟定液压系统原理图

液压机液压系统原理图如图 2-5 所示。

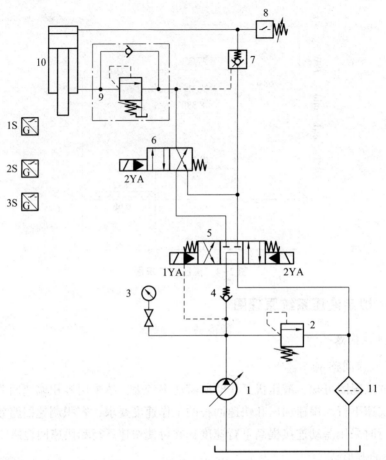

1—压力补偿变量柱塞泵；2—溢流阀；3—压力表开关；4—单向阀；5—三位四通电液换向阀；
6—二位四通电液换向阀；7—液控单向阀；8—压力继电器；9—平衡阀；10—液压缸；11—过滤器；
1S、2S、3S—行程开关。

图 2-5 液压机液压系统原理图

2.7.4 选择液压元件

1. 液压泵及其驱动电动机

1）确定液压泵的最高工作压力

由表 2-8 可知，液压缸在整个工作循环中的最大工作压力为 27.75 MPa，选取进油路上的压力损失为 0.8 MPa，则泵的最高工作压力为

$$p_p = 27.75 + 0.8 \text{ MPa} = 28.55 \text{ MPa}$$

2）确定液压泵的流量

由液压缸工况图 2-4 可知，液压缸需要的最大流量为 75.6 L/min，若取系统泄漏系数为 1.1，则泵输出的最大流量应为

$$q_p = 1.1 \times 75.6 \text{ L/min} = 83 \text{ L/min}$$

慢速加压时泵的输出流量为

$$q_p = (1.1 \times 19.2) \ \text{L/min} = 21 \ \text{L/min}$$

3）选择液压泵的规格

查阅液压泵产品样本，现选用 63YCY14-1B 型压力补偿变量柱塞泵。额定压力为 31.5 MPa；排量为 63 mL/r；额定转速为 1 500 r/min；容积效率（η_v）为 0.92。

4）选择电动机

由液压缸工况图 2-4 可知，最大功率出现在慢速加压阶段，取泵的总效率为 $\eta_p = 0.8$，则所需电动机功率为

$$P = \frac{p_p q_p}{\eta_p} = \frac{28.55 \times 10^6 \times 21 \times 10^{-3}}{60 \times 10^3 \times 0.8} \ \text{kW} = 12.5 \ \text{kW}$$

选取电动机型号：查电动机产品样本，选用 Y160L-4 型电动机，其额定功率为 15 kW，额定转速为 1 460 r/min。按所取电动机转速和液压泵排量，液压泵的最大实际流量为

$$q_p = V n \eta_v = 63 \times 10^{-3} \times 1 \ 460 \times 0.92 \ \text{L/min} = 84.6 \ \text{L/min} > 83 \ \text{L/min}$$

满足系统对流量的要求。

根据液压泵产品样本可查得 63YCY14-1B 型压力补偿变量柱塞泵流量压力特性曲线如图 2-6 所示。

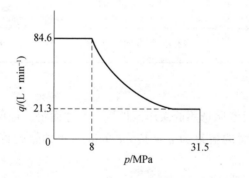

图 2-6　压力补偿变量柱塞泵流量压力特性曲线

2. 液压控制元件及辅助元件

根据液压系统的工作压力和通过各个阀类元件及辅助元件的流量，可选出这些元件的型号及规格，液压泵选择国产斜盘式轴向变量柱塞泵，液压阀选择力士乐型号液压元件，所选液压元件如表 2-9 所示。

表 2-9　液压元件表

序号	元件名称	通过阀的最大流量 /(L·min⁻¹)	额定流量 /(L·min⁻¹)	额定压力/MPa	型号
1	压力补偿变量柱塞泵	—	84.6	31.5	63YCY14-1B
2	溢流阀	84.6	250（最大）	35	DB20
3	压力表开关	—	—	40	AF6EP30/Y400
4	单向阀	84.6	115	31.5	S20P
5	三位四通电液换向阀	83	300（最大）	28	4WEH16G
6	二位四通电液换向阀	175	300（最大）	28	4WEH16D
7	液控单向阀	175	200（最大）	31.5	SV20P
8	压力继电器	—	—	35	HED4
9	平衡阀	84.6	300（最大）	31.5	DC20P
10	液压缸	—	—	—	自行设计
11	过滤器	84.6	100	1.6	PZU-100X20-S

3. 确定管道尺寸

管道内径尺寸一般可参照选用的液压元件接口尺寸而定，也可按管道允许流速进行计算。本系统主管道差动时的流量为 $q = 175$ L/min，压油管允许流速根据表 2-6 取 $v = 6$ m/s，则管道内径为

$$d = \sqrt{\frac{4q}{\pi v}} = \sqrt{\frac{4 \times 175 \times 10^{-3}}{3.14 \times 60 \times 6}} \text{ m} = 0.025 \text{ m} = 25 \text{ mm}$$

主管道根据快退时所通过的流量 $q = 84.6$ L/min，取流速 $v = 4$ m/s，则管道内径为 $d = 21$ mm，现取管道内径 $d = 24$ mm。

吸油管内径按上式计算（$q = 84.6$ L/min，$v = 1.5$ m/s），得 $d = 39$ mm，根据变量泵吸油口尺寸取 $d = 38$ mm。

4. 液压油箱容积确定

由于立式单缸传动液压机的液压系统为高压系统，因此液压油箱有效容积按泵流量的 6~12 倍确定，现选取油箱容积为 1 m³。

2.7.5 液压系统的主要性能验算

1. 系统压力损失验算

管道内径为 $d = 24$ mm，进、回油管长度均取 $L = 5$ m，油液的运动黏度取 $\nu = 1 \times 10^{-4}$ m^2/s，油液密度取 $\rho = 900$ kg/m^3。

工作循环中进、回油管中通过的最大流量 $q = 175$ L/min，由此计算雷诺数，得

$$Re = \frac{vd}{\nu} = \frac{4q}{\pi d\nu} = \frac{4 \times 175 \times 10^{-3}}{60 \times \pi \times 24 \times 10^{-3} \times 1 \times 10^{-4}} = 1\,547 < 2\,300$$

由此可推出各工况下的进、回油管中的液流均为层流。

管中流速为

$$v = \frac{q}{\frac{\pi}{4}d^2} = \frac{4 \times 175 \times 10^{-3}}{60 \times \pi \times (24 \times 10^{-3})^2} \text{ m/s} = 6.5 \text{ m/s}$$

因此沿程压力损失为

$$\Delta p_f = \frac{75}{Re}\frac{l}{d}\rho\frac{v^2}{2} = \frac{75}{1\,547} \times \frac{5}{24 \times 10^{-3}} \times 900 \times \frac{6.5^2}{2} \text{ Pa} = 0.2 \text{ MPa}$$

在管路具体结构没有确定时，管路局部损失 Δp_r 常按以下经验公式计算

$$\Delta p_r = 0.1\Delta p_f$$

各工况下的阀类元件的局部压力损失为

$$\sum \Delta p = \Delta p_n\left(\frac{q}{q_n}\right)^2$$

式中：q 为阀的实际流量；q_n 为阀的额定流量（从产品手册中查得）；Δp_n 为阀在额定流量下的压力损失（从产品手册中查得）。

根据以上公式计算出各工况下的进、回油管中的压力损失，计算结果均小于估取值（计算从略），不会使系统工作压力高于系统的最高压力。

2. 系统发热与温升计算

液压系统工进时系统功率损失最大，所以系统发热和温升可用工进时的数值来计算。

工进时的回路效率为

$$\eta_L = \frac{p_1 q_1}{p_p q_p} = \frac{27.75 \times 19.2}{28.85 \times 21.3} = 0.87$$

前面已经取柱塞泵的总效率 $\eta_p = 0.8$，现取液压缸的总效率 $\eta_m = 0.85$，则可算得本液压系统的总效率为

$$\eta = \eta_p \eta_m \eta_L = 0.8 \times 0.85 \times 0.87 = 0.59$$

工进工况液压泵的输入功率为

$$P_i = \frac{p_p q_p}{\eta_p} = \frac{28.85 \times 10^6 \times \dfrac{21.3 \times 10^{-3}}{60}}{0.8} \text{ W} = 12\,802 \text{ W}$$

根据系统的发热量计算式（2-29）可算得工进阶段的发热功率为

$$Q = P_i(1 - \eta) = 12\ 802 \times (1 - 0.59)\ \text{W} = 5\ 249\ \text{W}$$

根据式（2-30），取散热系数 $K = 15\ \text{W}/(\text{m} \cdot \text{℃})$，油箱有效容积为 $V = 1\ 000\ \text{L}$，算得系统温升为

$$\Delta t = \frac{Q}{KA} = \frac{Q}{0.065K \sqrt[3]{V^2}} = \frac{5\ 249}{0.065 \times 15 \times \sqrt[3]{(1\ 000)^2}}\ \text{℃} = 53.8\ \text{℃}$$

设液压机工作环境温度 $t = 25\ \text{℃}$，加上此温升后有 $t = 25\ \text{℃} + 53.8\ \text{℃} = 78.8\ \text{℃}$，超过正常工作温度，系统需要增大油箱体积或设置冷却装置。

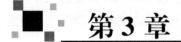

第 3 章
液压缸设计

　　液压缸是液压传动系统的执行元件，种类较多，不同的机械或液压设备，由于具体工作要求不同，其液压缸结构尺寸也存在很大区别，所以液压缸在设计时必须满足所服务设备的需要。

　　本章只介绍几种常用的典型双作用单杆活塞缸的设计，包括：组合机液压缸、液压机液压缸（普通常见）和工程夹紧液压缸。另外，本章也简单介绍了车辆或工程用普通铰接液压缸。

　　双作用单杆活塞缸分为缸筒固定和活塞杆固定两种，在机械设备或机床都有应用，其运动、结构、安装等各不相同。

3.1　液压缸的设计计算

　　液压缸的设计计算步骤如下。

　　首先，明确液压缸设计要求，为设计分析、计算提供必不可少的合理数据参数。该步骤需要查找一定数量的相关资料，经过科学合理分析计算完成，包括：工况分析；选定系统工作压力 p；明确速度 v、负载 F 等在工作循环过程中的具体分布及取值。

　　然后，根据机械设备及其工作机构的不同，在进行液压缸设计之前，必须明确对液压缸类型、结构、安装等的要求，明确各部分的结构形式。

　　最后，确定液压缸基本尺寸，包括：液压缸的缸筒内径 D、活塞杆直径 d 等。根据其结构强度、刚度的计算和校核，确定缸筒壁厚 δ 和外径 D_1 等主要结构尺寸；在设计过程中，还要查阅相关导向、密封、防尘、排气和缓冲等装置的资料，确定其具体结构尺寸。

　　下面对液压缸结构设计时需要完成的相关内容加以介绍。

3.1.1　液压缸主要尺寸的计算

液压缸的缸筒壁厚和外径的计算。

1. 缸筒壁厚 δ

缸筒壁厚（以下简称壁厚）由液压缸的强度条件来计算。

液压缸的壁厚，一般是指缸筒结构中最薄处的厚度。从材料力学所学内容可知，承受内压力的圆筒，其内应力分布规律因壁厚的不同而各异。一般计算时可分为薄壁圆筒和厚壁圆筒。区别依据是液压缸的内径 D 与其壁厚 δ 的比值。

当 $D/\delta \geqslant 10$ 或（$\delta/D \leqslant 0.08$）时，称为薄壁圆筒。起重运输机械和较多工程机械的液压缸，一般用无缝钢管材料制作，大多属于薄壁圆筒结构。其壁厚按薄壁圆筒公式计算为

$$\delta \geqslant \frac{p_{max}D}{2[\sigma]} \tag{3-1}$$

式中：δ 为液压缸最薄处壁厚，单位为 m；D 为液压缸内径，单位为 m；p_{max} 通常取试验压力，一般取最大工作压力的 $1.25 \sim 1.5$ 倍，单位为 MPa；$[\sigma]$ 为缸筒材料的许用应力，$[\sigma] = R_m/n$，R_m 为材料抗拉强度，n 为安全系数，一般取 $n=5$。为了设计方便，提供一些常见材料许用应力范围，供估计取值。例如，锻钢：$[\sigma] = 110 \sim 120$ MPa；铸钢：$[\sigma] = 100 \sim 110$ MPa；无缝钢管：$[\sigma] = 100 \sim 110$ MPa；高强度铸铁：$[\sigma] = 60$ MPa；灰铸铁：$[\sigma] = 25$ MPa。（公式字母 GB/T 228.1—2010 与 GB/T 228—2002 新旧对照节选提示：R_m 是原 σ_b；R_{eL} 是原 σ_s；本章后面相同）

在中低压液压系统中，按上式计算所得液压缸的壁厚往往很小，使缸体的刚度往往严重不足，另外在切削加工过程中会产生变形、安装变形等引起液压缸工作过程卡死或漏油。因此一般不进行计算，按经验考虑满足加工、安装和工作要求等尺寸和结构需要选取，往往取较大值，必要时按上式进行校核。

当 $D/\delta < 10$（或 $\delta/D \geqslant 0.3$）时，应按材料力学中的厚壁圆筒公式进行壁厚的计算。

对脆性及塑性材料的计算公式为

$$\delta \geqslant \frac{D}{2}\left(\sqrt{\frac{[\sigma] + 0.4p_{max}}{[\sigma] - 1.3p_{max}}} - 1\right) \tag{3-2}$$

式中各字母的意义同式（3-1）。

根据材料力学的内容可知，当 $0.3 \geqslant \delta/D \geqslant 0.08$ 时，属于特殊情况，此时壁厚的计算公式为

$$\delta \geqslant \frac{p_{max}D}{2.3[\sigma] - 3p_{max}} \tag{3-3}$$

液压缸壁厚算出后，除简易设备能够直接使用无缝钢管外，其他不同设备的液压缸缸筒在确定各部分具体的结构尺寸时，还应该充分考虑满足加工、安装和工作等空间结构需要。在确定缸筒外径时，按有关标准圆整为标准值，通常取值会增大。若缸筒和端盖采用半环连接，壁厚则取缸筒厚度最小处的值进行校核。

2. 缸筒的外径 D_1

根据计算出的壁厚，即可求出缸筒的外径 D_1 为

$$D_1 \geqslant D + 2\delta \tag{3-4}$$

式中：D_1 为缸筒的外径，单位为 m，D_1 应按无缝钢管标准，或按有关标准圆整为标准值。

3.1.2 液压缸结构参数计算

要想完成液压缸的结构设计，还需要完成相关结构参数计算，其主要的结构参数包括：工作行程 L；端盖导向面宽度 A、活塞宽度 B 和液压缸最小导向长度 H；缸盖厚度 t；缸体长度 L_1。

1. 工作行程 L

液压缸工作行程应满足机械设备需要，可根据执行机构实际工作的最大行程来确定，并参照表3-1中的系列尺寸来选取标准值。缸筒的长度一般不超过其内径的20倍。

表3-1　液压缸活塞行程参数系列（GB/T 2349—1980）　　　　单位：mm

型号	参数								
Ⅰ	25	50	80	100	125	160	200	250	320
	400	500	630	800	1 000	1 250	1 600	2 000	2 500
	3 200	4 000	—	—	—	—	—	—	—
Ⅱ	40	63	90	110	140	180	220	280	360
	450	550	700	900	1 100	1 400	1 800	2 200	2 800
	3 600	—	—	—	—	—	—	—	—
Ⅲ	240	260	300	340	380	420	480	530	600
	650	750	850	950	1 050	1 200	1 300	1 500	1 700
	1 900	2 100	2 400	2 600	3 000	3 400	3 800	—	—

2. 端盖导向面宽度 A、活塞宽度 B 和液压缸最小导向长度 H

当活塞杆全部外伸时，从活塞支承面中点到缸盖滑动支承面中点的距离，称为液压缸最小导向长度 H。液压缸通常最小导向长度及液压缸其他结构关系表示如图3-1所示。如果最小导向长度过小，将使液压缸的初始挠度（间隙引起的挠度）增大，影响液压缸的稳定性。所以设计时，必须保证最小导向长度的值合适。

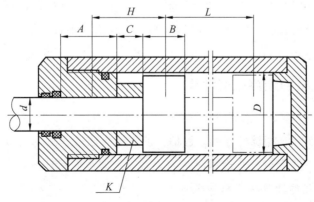

图3-1　液压缸的最小导向长度

对一般的液压缸，最小导向长度 H 应满足的要求为

$$H \geqslant \frac{L}{20} + \frac{D}{2} \qquad (3-5)$$

式中：L 为液压缸工作行程，单位为 m；D 为缸筒内径，即活塞直径，单位为 m。

前端盖导向面宽度（有的也叫长度）用 A 表示，一般地，在 $D < 80$ mm 时，其取导向套滑动面的长度，$A = (0.6 \sim 1.0)D$；在 $D > 80$ mm 时，$A = (0.6 \sim 1.0)d$。

活塞的宽度用 B 表示，一般取 $B = (0.6 \sim 1.0)D$。为保证最小导向长度 H，过分增大 A 和 B 都会给加工和使用带来不便，可以在二者之间装一隔套 K。

隔套宽度 C，由所需的最小导向长度决定，即

$$C = H - \frac{A + B}{2} \qquad (3-6)$$

采用隔套，不仅能保证最小导向长度，还可以改善导向套及活塞的通用性；另外必要时可以调节准确行程，故有时可以用端盖或轴上结构取代。

3. 缸盖厚度 t

一般液压缸多为平底缸盖，其有效厚度 t 可按强度要求，用下面两公式进行近似计算。

当缸盖上中心无通孔时，缸盖厚度为

$$t \geqslant 0.433D_2 \sqrt{\frac{p_{max}}{[\sigma]}} \qquad (3-7)$$

当缸盖中心有通孔时，缸盖厚度为

$$t \geqslant 0.433D_2 \sqrt{\frac{p_{max}D_2}{[\sigma](D_2 - d_0)}} \qquad (3-8)$$

式中：t 为缸盖有效厚度，单位为 m；D_2 为缸盖止口内直径，单位为 m；d_0 为缸盖孔的直径，单位为 m；其他字母含义及单位同前文。计算后尽量圆整为整齐数值，便于分析、加工、测量等。

4. 缸体长度 L_1

液压缸缸体内部长度，应等于活塞的行程与活塞的宽度及隔套（一些简单缸没有）之和。缸体外形长度，还要考虑到两端端盖的厚度，与配套定型设备连接结构需要等，才能合理加以确定。缸筒的长度，一般不超过其内径的 20 倍。不过，现在有一些特殊液压缸，缸体长度为内径的 20～30 倍。

3.1.3 液压缸的连接强度计算

液压缸的连接，包括液压缸自身内部各结构连接和与外部装置的连接。连接形式较多，最常用的为连接螺纹和螺杆连接，包括：油管接头连接、缸筒与端盖连接、活塞与杆连接等处。对于高压（大负载）液压缸，为了安全，通常需要计算以下参数。

1. 液压缸盖固定螺栓直径校核和数量

液压缸盖固定螺栓在工作中通常受拉应力和扭矩作用，校核公式为

$$d_s = \sqrt{\frac{5.2kF}{\pi Z[\sigma]}} \tag{3-9}$$

式中：d_s 为螺纹小径，单位为 m，螺栓直径选取时要大于此值，并对照螺纹标准用表选择；F 为液压缸负载，准确来讲应该是 $F = p_{max}A$，即液压缸最高工作压力乘以有效作用面积，单位为 N；k 为螺纹预紧系数，一般 $k = 1.12 \sim 1.5$，高压取大值；Z 为螺栓个数；$[\sigma]$ 为螺栓材料的许用应力，$[\sigma] = R_{eL}/n$，R_{eL} 为材料屈服强度，n 为安全系数，一般取 $n = 1.2 \sim 2.5$，重要场合 $n \geq 3$。

式（3-9）既是螺栓直径校核公式，也是数量的确定依据。

2. 液压缸盖固定螺栓布置圆直径 D_S

液压缸盖固定螺栓布置圆直径的计算公式为

$$D_S = D + 2(d_s + e) + 2\delta \tag{3-10}$$

式中：D_S 为螺栓布置圆直径，计算圆整后，查相关表格选取，单位为 m；e 为螺母和安装空间保留尺寸，一般可取 $e = 3 \sim 6$，大螺纹取大值，特殊场合可查相关书籍和要求确定，单位为 m；δ 为液压缸缸筒在计算处确定的实际单侧壁厚，单位为 m；

另外，端盖的外圆直径应该适度大于螺母外圆，目的是保证液压缸盖固定螺栓布置整体安装强度。

3.1.4　液压缸活塞杆稳定性验算

按速比要求初步确定活塞杆直径后，还必须满足本身的强度要求及液压缸的稳定性。

当液压缸支承长度 $L_2 \geq (10 \sim 15)d$ 时，须考虑活塞杆弯曲稳定性并进行验算。其中 d 为活塞杆直径。

1. 活塞杆直径强度校核

活塞杆的直径 d 的校核公式为

$$d \geq \sqrt{\frac{4F}{\pi[\sigma]}} \tag{3-11}$$

式中：F 为工作负荷；$[\sigma]$ 为材料的许用应力，$[\sigma] = R_m/n$，R_m 为材料抗拉强度，n 为安全系数，一般取 $n = 1.4$。

2. 活塞杆稳定性校核

液压缸的支承长度（有的书籍也称计算长度）L_2 是指活塞杆全部外伸时，液压缸的支承点与活塞杆前端连接处之间的距离。液压缸的支承长度 L_2 的取值方法，见液压缸计算长度 L_2 取值（节选），如表3-2所示。

表 3-2 液压缸计算长度 L_2 取值（节选）

序　号	A	B	C	D
液压缸的安装形式及活塞杆的计算长度 L_2/m				
μ	1	1	0.7	0.5

（1）当活塞杆的长径比 $L_2/d > 10$ 时，要进行稳定性验算。由材料力学的相关理论可知，其稳定条件为

$$F \leqslant \frac{F_k}{n_k} \tag{3-12}$$

式中：F 为活塞杆最大推力，单位为 N；F_k 为液压缸稳定临界力，单位为 N；n_k 为稳定性安全系数，一般取 $n_k = 2 \sim 4$。

根据常用机械设备的特点和表 3-2 所示液压缸计算长度 L_2 取值分析可知一般组合机床、液压机和夹紧缸多属于第三、第四种情况；而对于车辆多属于第一、第二种情况。应用时，注意结合实际分析。

（2）空心活塞杆强度验算。对于一些常用机械设备，为了安装需要，常常采用空心活塞杆。例如，一些组合机床、普通机械设备和夹紧缸多采用空心活塞杆。对于非空心和空心活塞杆强度都可以参考如下公式。

当 $L_2/d < 15$ 时，特别是空心活塞，必须进行杆强度验算，其公式为

$$\sigma = \frac{4F}{\pi(d^2 - d_1^2)} \leqslant [\sigma] \tag{3-13}$$

式中：σ 为计算应力，单位为 MPa；F 为负载，单位为 N；d 为活塞杆直径，单位为 m；d_1 为空心杆内径，单位为 m，实心时，取 $d_1 = 0$；$[\sigma]$ 为材料的许用应力，单位为 MPa，$[\sigma] = R_{eL}/n$，R_{eL} 为材料的屈服强度，n 为安全系数，一般取 $n = 1.4 \sim 2$。

当 $L_2/d > 15$ 时，必须进行稳定性计算。

当 $\lambda = \mu L_2/r > \lambda_1$ 时，由欧拉公式计算。在条件式中，λ 为活塞杆柔性系数；L_2 是表 3-

2 液压缸计算长度，单位为 m；断面回转半径 $r = \sqrt{\dfrac{I}{A}}$；A 为断面面积；λ_1 为材料柔性系数，如表 3-3 所示。

根据欧拉公式，液压缸稳定临界力的计算公式为

$$F_k = \frac{\pi^2 EI}{(\mu L_2)^2} \qquad (3-14)$$

式中：E 为材料纵向弹性模量，单位为 MPa；I 为断面惯性矩，对于空心圆柱 $I = \dfrac{\pi(D^4 - d^4)}{64}$，其中 D 为外径，d 为中心孔直径，单位为 m；μ 为折算系数，由表 3-2 可查得。

当 $\lambda_1 > \lambda > \lambda_2$ 时，属于中柔度杆，根据雅辛司基公式，液压缸稳定临界力 F_k 计算公式为

$$F_k = A(a - b\lambda) \qquad (3-15)$$

式中：A 为断面面积；a、b 为折算系数，由表 3-3 材料的柔性系数表可查得。

表 3-3 材料的柔性系数（节选）

材料	a	b	λ_1	λ_2
钢（A3）	3 100	11. 40	105	61
钢（A5）	4 600	36. 17	100	60
硅钢	5 890	38. 17	100	60
铸铁	7 700	120	80	—

3.2 液压缸的结构设计

影响液压缸具体结构的主要因素除液压缸的主要尺寸外，还有与其服务的机械设备的匹配性，和与工作特点的适应性。所以对车辆或工程用普通铰接缸、组合机液压缸、液压机液压缸和普通工程夹紧液压缸等，它们的基本结构组成大体相近，但具体结构都存在一定区别。

液压缸的结构基本上可以分为缸筒和缸盖、活塞和活塞杆、密封装置、缓冲装置和排气装置五个部分。我们先介绍几种常用类型液压缸的安装方式。

3.2.1 液压缸的安装方式

液压缸的安装连接结构在设计时要考虑液压缸的安装方式、进出油口的连接结构等。

1. 液压缸的安装方式

根据安装位置和工作要求的不同，液压缸的安装方式可大体分为长螺栓安装、脚架安装、法兰安装、轴销安装和耳环安装等。液压缸常见的安装方式如表 3-4 所示。

表 3-4 液压缸常见的安装方式

序号	安装方式	安装简图	注释
1	长螺栓安装		需要较大紧固力
2	径向脚架		翻转力矩比较： 2 较小； 3、4 较大
3	底面脚架		
4	前后脚架		
5	头部外法兰		安装紧固螺栓受力比较： 5 较大； 6、7 较小
6	头部内法兰		
7	尾部法兰		

序号	安装方式	安装简图	注释
8	头部轴销	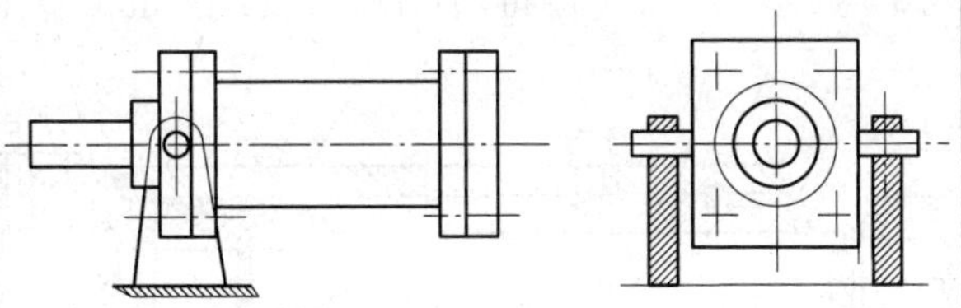	
9	中部轴销	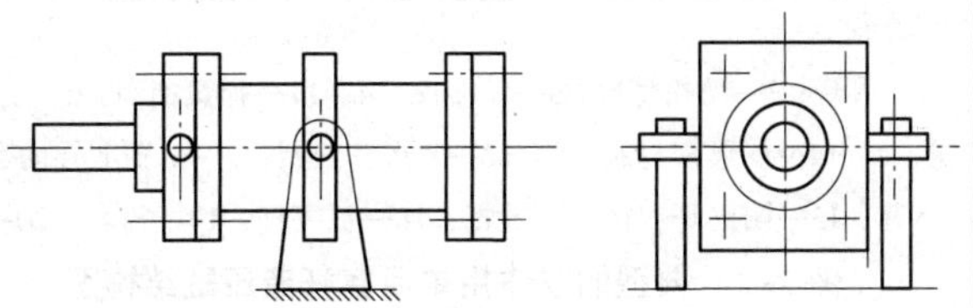	液压缸围绕轴销摆动，缸筒或活塞受弯曲作用比较： 8 较小； 9 中等； 10 较大
10	尾部轴销	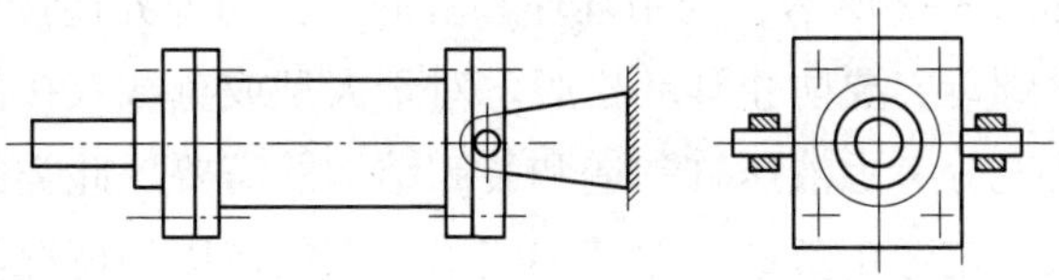	
11	尾部耳环	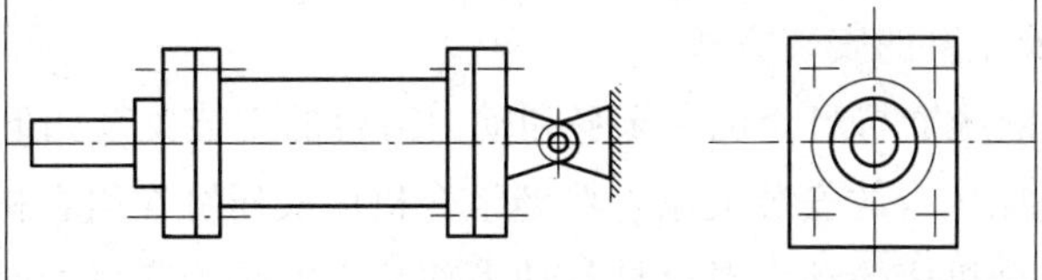	缸筒或活塞受弯曲作用比较： 与9类似
12	尾部球头	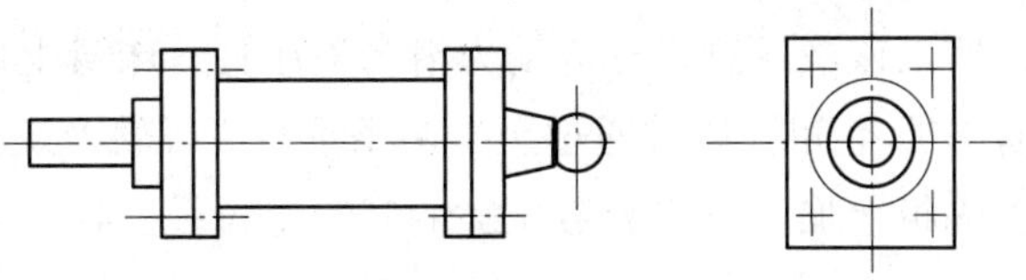	一定摆角， 受拉力能力较低

典型液压缸安装方式的安装结构举例如下。

1）铰接液压缸的典型结构与安装方式

先以车辆或工程用普通铰接液压缸为例，介绍液压缸的典型结构及主要零部件。

（1）铰接液压缸的典型结构及主要零部件。典型的双作用单活塞杆液压缸结构如图3-2所示，它是由缸底20、缸筒10、缸盖兼导向套9、活塞11和活塞杆18等主要零部件组成。缸筒一端与缸底焊接，另一端缸盖（导向套）与缸筒利用卡键6、套5和弹簧挡圈4固定，以便拆装检修，两端设有油口A和B。活塞与活塞杆利用卡键15、卡键帽16和弹簧挡圈17连在一起。活塞与缸孔的密封采用的是一对Y形聚氨酯密封圈12，由于活塞与缸孔有一定间隙，采用由尼龙1010制成的耐磨环（又称为支承环）13定心导向。活塞杆和活塞的内孔由O形密封圈14密封。较长的导向套9则可保证活塞杆不偏离中心，导向套外径由 O 形密封圈 7 密封，而其内孔则由 Y 形密封圈 8 和防尘圈 3 分别防止油外漏和灰尘带入缸内。2 是防松螺母，防止耳环 1 松脱。

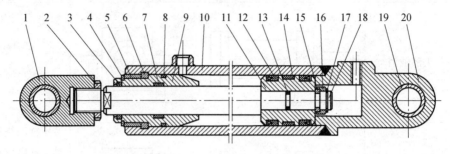

1—耳环；2—防松螺母；3—防尘圈；4、17—弹簧挡圈；5—套；

6、15—卡键；7、14—O 形密封圈；8、12—Y 形密封圈；9—缸盖兼导向套；10—缸筒；

11—活塞；13—耐磨环；16—卡键帽；18—活塞杆；19—衬套；20—缸底。

图 3-2　典型的双作用单活塞杆液压缸结构图

（2）铰接液压缸的安装方式。典型的车辆或工程用普通铰接液压缸的安装方式。此类缸安装时，其结构如图 3-2 所示，利用耳环和缸底销孔与外界连接，销孔内有尼龙衬套抗磨。对于耳环和防松螺母，要防止耳环松脱。对于大型或重载铰接缸，液压缸通常制成一体形式，不过此时要充分考虑液压缸制造和装卸结构的需要。此类缸所受负载，除了推力或拉力外，往往存在一定弯矩负载，尤其端盖采用螺栓连接的情况下，通常从分析计算和结构上加以改善。

2）组合机床液压缸的安装方式

典型组合机床液压缸与组合机床床身和动力滑台的安装关系如下。

（1）与组合机床床身的安装关系。典型组合机床液压缸在组合机床床身上的安装位置如图 3-3 所示。组合机床的动力滑台是其动力部分，安装于床身上面两条导轨 4 上方，由液压缸控制其运动，所以该液压缸也称为动力滑台液压缸。床身上两平行导轨之间略低于两导轨面的地方留有 U 形空间，通常通过至少两条垂直于导轨及支撑壁的结构、高度和厚度不同的隔板相连，隔板上加工有安装液压缸的安装定位孔，U 形空间下部有其他结构使床身成为一个整体。

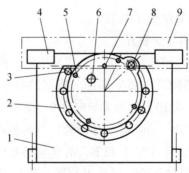

1—床身；2—液压缸端盖；3—液压缸安装紧固螺栓；4—导轨；5—液压缸组合端盖紧固螺栓；

6—一端油管接头；7—排气装置；8—另一端油管接头；9—动力滑台。

图 3-3　液压缸在组合机床床身上的安装位置

液压缸的典型结构，参考本书图3-14～3-19中组合机液压缸及零件图。

（2）与组合机床动力滑台的安装关系。液压缸通常整体安装在组合机床床身隔板液压缸安装孔结构中，由于组合机床型号特点不同，因此液压缸结构也存在区别，但通常安装关系大同小异。其安装关系可以参考动力滑台液压缸的安装简图，如图3-4所示。

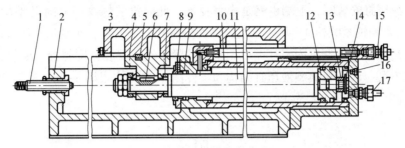

1—调节螺钉；2—滑座；3—动力滑台；4—支架；5、6—键；7—球面垫圈；8—防尘圈；
9—Y形密封圈；10—缸体；11—活塞杆；12—活塞；13—螺母；14—销钉；15、17—油管；16—排气阀。

图3-4 动力滑台液压缸的安装简图

液压缸整体从右侧安装在床身的液压缸安装孔结构中，缸体10左右两端都有安装结构，与床身上两侧安装孔采用合理配合精度，从而保证液压缸和缸杆的位置精度。活塞杆通过端部结构与支架4相连，通过杆端部螺母和键6实现；支架通过螺钉和键5把动力传给动力滑台3，即组合机床工作台。

部分组合机床液压缸采用缸杆固定连接，缸筒通过支架与工作台相连，目的是使组合机床结构紧凑等。液压缸通常采用空心杆结构，种类较多，常用的是实心杆结构加工出两个进、回油孔和组合焊接结构。此处，以TY4534型动力滑台空心单杆活塞式液压缸组合焊接活塞杆结构为例，介绍组合机床用空心杆液压缸主要结构，如图3-5所示。液压缸缸杆安装于液压缸安装孔11中，通过键和螺母实现安装固定，通过合理数量位置的螺钉分别把左端盖1和支架3组合成整体的液压缸左侧端盖，把右端盖8和支架7组合成整体的液压缸右侧端盖，支架3和7连接动力滑台。此类液压缸的活塞杆通常直径尺寸较大，要求有足够的刚度、密封严格、具备较好的工艺性等。

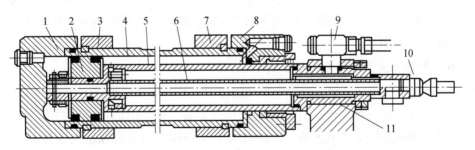

1—左端盖；2—活塞；3、7—支架；4—缸筒；5—空心活塞杆；6—油管；
8—右端盖；9、10—管接头；11—液压缸安装孔。

图3-5 TY4534型动力滑台空心单杆活塞式液压缸简图

3）液压机液压缸的安装方式

液压机通常带动较大负载，其结构必须与工作特点相适应。

液压机根据负载分为大、中、小型等形式，不同形式的液压缸区别也较大。典型的大、中型液压缸筒采用一体结构形式，安装方式简单。典型液压机液压缸安装示意图如图3-6所示。液压缸安装时，上端也就是小直径端，此时没装螺纹调整固定环6、紧固螺栓7、油管接头8和锁紧螺栓9，从主承重梁4的安装孔向上安装，小端从液压缸固定板5的孔穿过，此后安装螺纹调整固定环完成调整和拧紧，然后安装紧固螺栓、油管接头和锁紧螺栓，完成安装。液压机典型液压缸结构和零件图，参考本书图3-20～3-28中液压机液压缸及零件图。

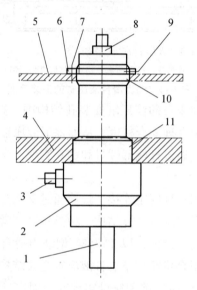

1—缸杆（前端安装结构略）；2—液压缸体；3、8—油管接头；4—主承重梁；

5—液压缸固定板；6—螺纹调整固定环；7—紧固螺栓；9—锁紧螺栓。

图3-6　典型液压机液压缸安装示意图

4）夹紧液压缸的安装方式

夹紧液压缸的安装方式通常有前端盖法兰安装、缸体法兰安装和脚架安装等，常见的安装方式如表3-4所示。

2. 液压缸进、出油口形式及大小的确定

液压缸的进、出油口，可布置在端盖或缸体上。对于活塞杆固定的液压缸，进、出油口可设在活塞杆端部。如果液压缸无专用的排气装置，进、出油口应设在液压缸的最高处，以便空气能从液压缸排出。进、出油口的形式一般选用螺孔或法兰连接。压力小于16 MPa的小型系列单杆液压缸螺孔连接油口安装尺寸如表3-5所示。

表3-5 单杆液压缸螺孔连接油口安装尺寸 单位：mm

缸体内径 D	进、出油口	缸体内径 D	进、出油口
28	M14×1.5	80	M27×2
32	M14×1.5	100	M27×2
40	M18×1.5	125	M27×2
50	M22×1.5	160	M33×2
63	M22×1.5	200	M42×2

3. 液压缸用耳环安装结构

根据使用部位不同，耳环可分为杆用耳环和缸体用耳环。杆用耳环安装在活塞杆的外端，通常是用螺纹连接，其安装结构如表3-6所示。缸体用耳环一般是固定在缸体的后部，也有固定在缸体中部的，其结构与杆用耳环相同。

表3-6中图（a）为不带轴套的单耳环结构，销孔一般用H8配合。

表3-6中图（b）为带轴套的单耳环结构，轴套用青铜或聚四氟乙烯制造。

表3-6中图（c）为球铰耳环结构，轴套外圆是球面，一般能在±4°的角度范围内摆动，球面用m6配合，球面淬硬到50HRC。

表3-6中图（d）为双耳环结构，销孔一般用过渡配合，柱销不能在其中转动。

表3-6 杆用（缸体用）耳环安装结构

耳环类型	耳环简图	耳环类型	耳环简图
单耳环（无轴套）	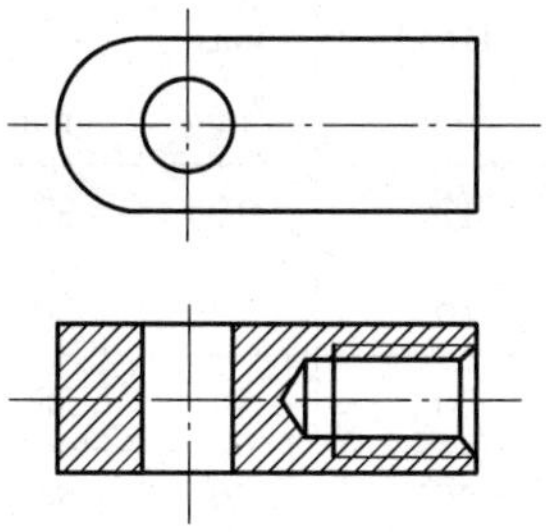 (a)	球铰耳环	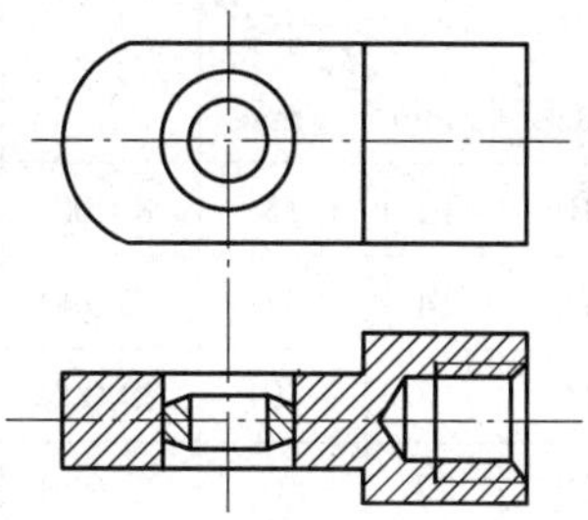 (c)
单耳环（带轴套）	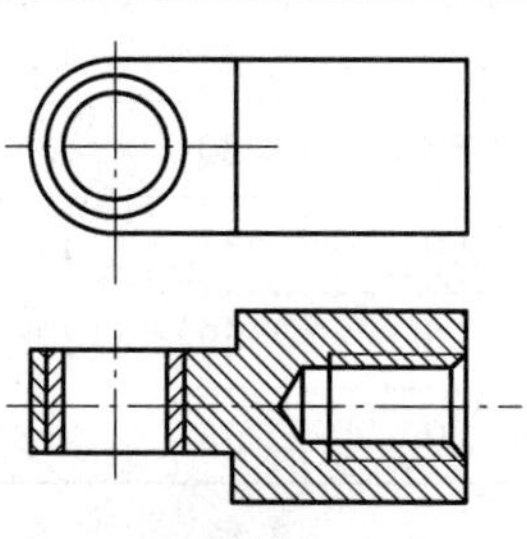 (b)	双耳环	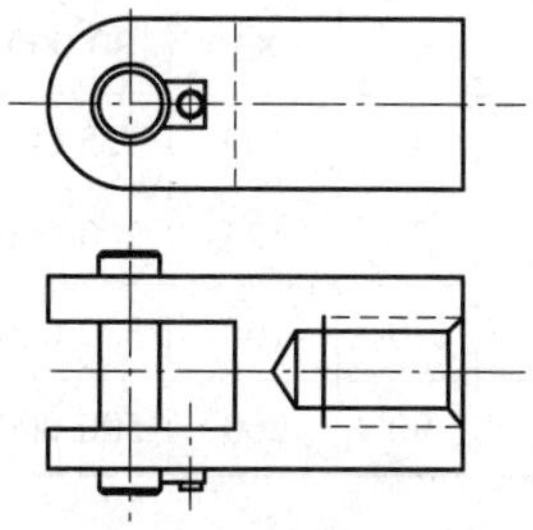 (d)

1）杆用单耳环国际标准安装尺寸

单杆液压缸 16 MPa 小型系列（ISO 6020/2，GB/T 38205.3—2019）杆用单耳环安装尺寸（1SO/DIS 8133）见表 3-7。

2）杆用球铰耳环国际标准安装尺寸

单杆液压缸 16 MPa 小型系列杆用球铰耳环安装尺寸（ISO/DIS 8134）如表 3-8 所示。

3）杆用双耳环国际标准安装尺寸

单杆液压缸 16 MPa 小型系列杆用双耳环安装尺寸（ISO/DIS 133）如表 3-9 所示。

4）耳环用柱销国际标准安装尺寸

配合耳环用的柱销形式如图 3-7 所示，不同耳环用柱销尺寸分别如表 3-10（ISO/DIS 8133）、3-11（ISO/DIS 8134）、3-12（ISO/DIS 8132）所示。

表 3-7　杆用单耳环安装尺寸（ISO/DIS 8133）

型号	塞杆直径/mm	缸筒内径/mm	公称力/N	KK/mm	CK(H9)/mm	EM(H13)/mm	ER(max)/mm	CA(Jsl3)/mm	Aw(min)/mm	LE(min)/mm
10	12	25	8 000	M10×1.25	10	12	12	32	14	13
12	14	32	12 500	M12×1.25	12	16	17	36	16	19
16	18	40	20 000	M14×1.5	14	20	17	38	18	19
20	22	50	32 000	M16×1.5	20	30	29	54	22	32
25	26	63	55 000	M20×1.5	20	30	29	60	28	32
30	36	80	80 000	M27×2	28	40	34	75	36	39
40	45	100	125 000	M33×2	36	50	50	99	45	54
50	56	125	200 000	M42×2	45	60	53	113	56	57
60	70	160	320 000	M48×2	56	70	59	126	63	63
80	90	200	500 000	M64×3	70	80	78	168	85	83

表 3-8 杆用球铰耳环安装尺寸（ISO/DIS 8134）

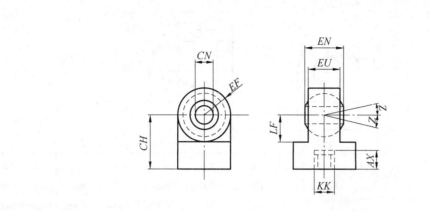

型号	公称力 /N	动态作用力 /N	KK/mm	CN		EN		EF max /mm	CH Jsl3 /mm	AX (min) /mm	LF (min) /mm	EU (H13) /mm	摆角 Z
				/mm	/μm	/mm	/μm						
10	8 000	8 000	M10×1.25	10		9		20	37	14	13	6	
12	12 500	10 800	M12×1.25	12	0~8	10		23	45	16	19	7	
16	20 000	20 000	M14×1.5	16		14		29	50	18	22	10	
20	32 000	30 000	M16×1.5	20		16	0~120	32	67	2	31	12	
25	50 000	48 000	M20×1.5	25	0~10	20		45	77	28	35	16	4°
30	80 000	62 000	M27×2	30		22		48	92	36	40	18	
40	125 000	100 000	M32×2	40		28		74	120	45	57	22	
50	200 000	186 000	M42×2	50	0~12	35		86	135	56	61	28	
60	320 000	205 000	M48×2	60		44	0~150	94	145	63	62	36	
80	500 000	400 000	M64×3	80	0~15	55		120	190	85	82	45	

表 3-9 杆用双耳环安装尺寸（ISO/DIS 8133）

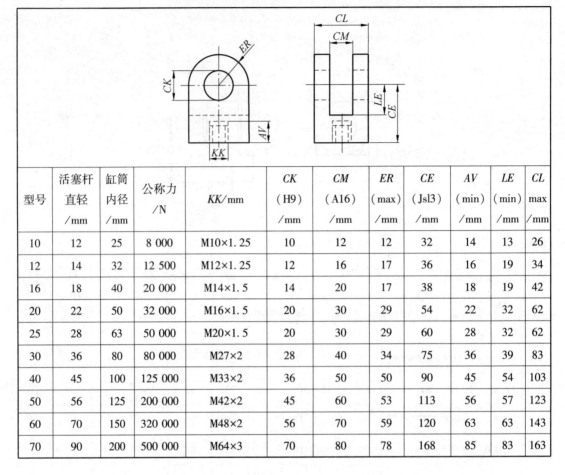

型号	活塞杆直轻/mm	缸筒内径/mm	公称力/N	KK/mm	CK（H9）/mm	CM（A16）/mm	ER（max）/mm	CE（Jsl3）/mm	AV（min）/mm	LE（min）/mm	CL max/mm
10	12	25	8 000	M10×1.25	10	12	12	32	14	13	26
12	14	32	12 500	M12×1.25	12	16	17	36	16	19	34
16	18	40	20 000	M14×1.5	14	20	17	38	18	19	42
20	22	50	32 000	M16×1.5	20	30	29	54	22	32	62
25	28	63	50 000	M20×1.5	20	30	29	60	28	32	62
30	36	80	80 000	M27×2	28	40	34	75	36	39	83
40	45	100	125 000	M33×2	36	50	50	90	45	54	103
50	56	125	200 000	M42×2	45	60	53	113	56	57	123
60	70	150	320 000	M48×2	56	70	59	120	63	63	143
70	90	200	500 000	M64×3	70	80	78	168	85	83	163

表 3-10 单耳环用柱销尺寸系列（ISO/DIS 8133）

型号	缸筒内径/mm	额定外力/N	EL（min）/mm	EK（f8）/mm
10	25	8 000	29	10
12	32	12 500	37	12
16	40	20 000	45	14
20	50	32 000	60	20
25	63	50 000	66	20
30	80	80 000	87	28
40	100	125 000	107	36
50	125	20 000	129	45
60	160	32 000	149	56
80	200	50 000	169	70

注：本表的尺寸代号见图 3-7 耳环用柱销形式。

表 3-11 球铰耳环柱销尺寸系列（ISO/DIS 8134）

型号	公称力 /N	动态作用力 /N	EL（min） /mm	EK（f6） /mm
10	8 000	8 000	28	10
12	12 500	10 800	33	12
16	20 000	20 000	43	16
20	32 000	30 000	54	20
25	50 000	40 000	58	25
30	80 000	62 000	71	30
40	125 000	100 000	87	40
50	200 000	156 000	107	50
60	320 000	245 000	126	60
80	500 000	400 000	147	80

注：本表的尺寸代号见图 3-7 耳环用柱销形式。

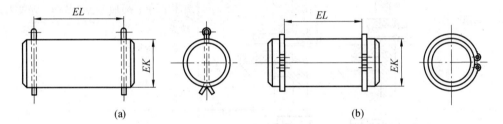

（a）　　　　　　　　　　　　　　　　　　（b）

图 3-7　耳环用柱销形式

（a）开口销锁紧；（b）卡圈锁紧

表 3-12 双耳环用挂销尺寸系列（ISO/DIS 8132）

型 号	公称力 /N	EK[①]（f8） /mm	EL（Hl6） /mm
12	8 000	12	23
16	12 500	16	37
20	20 000	20	46
25	32 000	25	57
32	50 000	32	72
40	80 000	40	92
50	125 000	50	112
63	200 000	63	142
80	320 000	80	172

注：①用于球铰时，公差为 m6，尺寸代号见图 3-7 耳环用柱销形式。

3.2.2 缸体端部连接形式

1. 缸筒和缸盖

液压缸的缸筒和缸盖采用哪种连接形式主要取决于工作压力、缸筒的材料和具体的工作条件。常用的缸筒和缸盖的连接形式，如表 3-13 所示。

表 3-13 缸筒与缸盖的连接形式

连接形式	结构 图例（简图）	主要特点
焊接式		优点： 结构紧凑； 缺点： 互换性差，多用于小型次要场合
法兰连接		优点： 结构简单、易加工、易装卸、强度大； 缺点： 体积、质量大
螺纹连接		优点： 尺寸小、轻便； 缺点： 结构复杂、拆卸难、易磨损
外半环连接		优点： 简单、拆卸方便； 缺点： 尺寸大、强度损失大
内半环连接		优点： 尺寸小、轻便； 缺点： 强度损失大、安装难度大

3.2.3 活塞与活塞杆的连接形式

常用的活塞和活塞杆之间有整体式、螺纹连接、半环连接、锥销连接等多种连接方式，所有方式均要有锁紧措施，以防止工作时因往复运动而松开。表 3-14 为活塞和活塞杆常见的连接形式及主要特点。

表 3-14 活塞和活塞杆常见的连接形式及主要特点

连接形式	结构 图例（简图）	主要特点
整体式		结构简单； 互换性差，适用结构较小的情况
螺纹连接		结构简单， 必须注意防止松动
半环连接		结构简单、拆卸方便、可重载；存在轴向间隙
锥销连接		结构可靠、锥销需要锁紧；特别适用于双出杆式活塞

3.2.4 活塞与缸体的密封

液压缸的密封装置用以防止油液的泄漏。液压缸的密封主要指活塞、活塞杆处的动密封和缸底与缸筒、缸盖与缸筒之间的静密封。一般要求密封装置应具有密封性良好、寿命长、制造简单、拆装方便、成本低等特点。密封装置设计的好坏直接影响液压缸的静、动态性能。

活塞及活塞杆处密封圈的选用，应根据密封的部位、使用的压力、温度、运动速度的范围不同而选择不同类型的密封圈。表 3-15 为活塞及活塞杆密封圈的使用参数。

表 3-15　活塞及活塞杆密封圈的使用参数

类型	密封部位		截面简图	材料	压力/MPa	温度/℃	速度/(m·s⁻¹)	磨损/泄漏	用途
	活塞用	杆用							
O 形圈	√	√		NBR	≤6	−15~180	≤0.5	中/低	通用
				FPM		−30~180			
O 形圈加单、双挡圈	√	√		NBR+PTFE	≤35	−30~130	≤0.5	中/低	通用
Y 形圈	√			NER+纤维	≤25	−30~120	≤0.5	中/低	农机、船用、注塑机、工程机械
Y_x 形圈（轴、孔用）	√	√		NER	≤10	−30~100	≤0.5	中/低	通用
				NER+纤维	≤20	−20~100			柱塞缸
奥米加形	√			NER+纤维	≤40	−30~120	≤5	微/中	机床、农机
		√		NER+纤维	≤40	−30~120	≤1	微/中	机床、农机
V 形	√	√		NER+纤维	≤63	−30~120	≤0.5	大/微	挖土机、注塑机、压力机
活塞环	√			铸铁	≤25	≤350	0.3~10	小/高	高速液压机、缸筒多孔缓冲液压机

注：NBR—丁腈橡胶；FPM—氟碳橡胶；PTFE—聚四氟乙烯；√—可用位置。

3.2.5　活塞杆的导向、密封和防尘

1. 活塞杆导向部分的结构

活塞杆导向部分的结构，包括活塞杆与端盖、导向套的结构，以及密封、防尘和锁紧装置等。导向套的结构可以做成端盖整体式直接导向结构，也可做成与端盖分开的导向套导向结构，后者的导向套磨损后便于更换，所以应用较普遍。导向套的位置可安装在密封圈的内侧，也可以安装在外侧。机床和工程机械中一般采用装在内侧的结构，有利于导向套的润滑；而油压机常采用装在外侧的结构，使密封圈在高压下工作时有足够的油压将唇边张开，以提高密封性能。

活塞杆处的密封形式有 O 形、V 形、Y 形和 Y_x 形密封圈。为了清除活塞杆处外露部分黏附的灰尘，保证油液清洁并减少磨损，会在端盖外侧增加防尘圈。常用的有无骨架防尘圈、三角形和 J 形橡胶密封圈，也可用毛毡圈防尘。表3-16 为活塞杆的导向与密封及防尘装置。

表3-16　活塞杆的导向与密封及防尘装置

导向形式	结构举例（简图）	主要特点
端盖整体式 直接导向		（1）结构简单，可换性差； （2）可用 O 形、Y 形、Y_x 形密封圈； （3）可用无骨架防尘器
导向套导向		（1）可换性好，导套可以选择耐磨材料； （2）可用 Y 形、Y_x 形、V 形密封圈； 密封可靠，适于中高压； （3）防尘器可选性好，可以选择 J 形、三角形橡胶密封圈等

2. 活塞杆处密封圈的选用

活塞杆处密封圈的选用，应根据密封的部位、使用的压力、温度、运动速度的范围不同而选择不同类型的密封圈。还要充分考虑活塞杆的结构特点和性能要求，合理选择，可参考表3-15。

3.2.6 液压缸的缓冲装置

液压缸带动工作部件运动时，因运动件的质量较大，运动速度较高，在到达行程终点时，会产生液压冲击，甚至使活塞与缸筒端盖之间产生机械碰撞，引起噪声、冲击，严重影响工作精度甚至引起整个系统及元件的损坏。为防止这种现象发生，需在行程末端设置缓冲装置。

1. 缓冲结构的分析计算

液压缸缓冲时，缓冲腔的液压能 E_1 和运动部件的机械能 E_2 分别为

$$E_1 = p_c A_c l_c \tag{3-16}$$

$$E_2 = p_p A_p l_c + \frac{1}{2} m v_0^2 - F_f l_c \tag{3-17}$$

式中：p_c 为缓冲腔平均压力；l_c 为缓冲长度；p_p 为高压腔中的油液压力；A_c、A_p 为缓冲腔、高压腔的有效截面面积；m 为运动部件总质量；v_0 为运动部件的速度；F_f 为摩擦力。式（3-17）中等号右边第一项为高压腔压力能，第二项为运动部件动能，第三项为摩擦能。

当 $E_1 = E_2$ 时，工作部件的机械能全部被缓冲腔液体吸收，可得

$$p_c = \frac{E_2}{A_c l_c} \tag{3-18}$$

若缓冲装置为节流口可调式缓冲装置，在缓冲过程中压力逐渐降低，假定缓冲压力线性逐渐降低，则最大的缓冲压力即冲击压力为

$$p_{cmax} = p_c + \frac{m v_0^2}{2 A_c l_c} \tag{3-19}$$

若缓冲装置为节流口变化式缓冲装置，由于缓冲过程中压力不变，则最大的缓冲压力为式（3-17）中 E_2，从而确定缓冲节流口的具体结构尺寸。

2. 常用的缓冲结构

1）环状间隙式节流缓冲装置

环状间隙式节流缓冲装置如图 3-8 所示，活塞端部的缓冲柱塞 1 向端盖 3 方向运动进入圆柱形回油腔 2 时，将封闭在柱塞与端盖间的油液从环状间隙中挤出去。由于间隙很小，因而起到节流缓冲的作用。该装置适用于运动惯性不大、运动速度不高的液压系统。

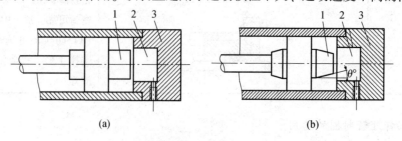

(a)　　　　　　　　　　　　　　(b)

1—缓冲柱塞；2—回油腔；3—端盖。

图 3-8　环状间隙式节流缓冲装置

（a）圆柱形柱塞；（b）圆锥形柱塞

图 3-8（a）为圆柱形的缓冲柱塞，间隙的大小不变，缓冲柱塞长度一般为 10 mm 左右。这种结构制造容易，但在缓冲开始时会出现压力的峰值。图 3-8（b）为圆锥形缓冲柱塞，缓冲时有明显的渐减过程，设计时制动锥结构参数如表 3-17 所示。

表 3-17 制动锥结构参数

工作机构速度/(m·s⁻¹)	结构简图	θ/(°)	L/mm
<0.25	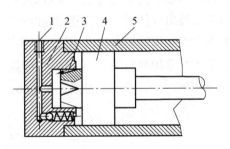	1.5 ~ 3	≥5
0.25 ~ 0.65		2 ~ 5	≥10

2）三角槽式节流缓冲装置

三角槽式节流缓冲装置是利用被封闭液体的节流产生的液压阻力来缓冲的。图 3-9 为三角槽式节流缓冲装置。活塞的两端开有轴向三角槽，前后缸盖上的钢球起单向阀的作用，在活塞起动时，压力油顶开钢球进入液压缸，推动活塞运动。当活塞接近缸的端部时，回油路被活塞逐渐封闭，使缸内液压油只能通过活塞上的轴向三角槽缓慢排出，形成缓冲液压阻力。节流口的通流面积随活塞的移动而逐渐减小，所以活塞运动速度逐渐减慢，实现制动缓冲。

1—油口；2—缸盖；3—三角槽；4—活塞；5—缸筒。

图 3-9 三角槽式节流缓冲装置

缸盖 2 右侧的凹腔和缸盖右侧的凸台，都是为了增加活塞起动时的有效承压面积，使起动迅速而采取的措施。

3）可调式节流缓冲装置

图 3-10 为可调式节流缓冲装置，它不但有圆柱形的缓冲柱塞 5 和凹腔 B 等结构，而且在液压缸缸盖上还装有可调针形节流阀 2 和单向阀 4。当活塞上的缓冲柱塞插入凹腔时，C 腔的油液只能经可调针形节流阀流入 A 腔经油口 1 而排出，回油阻力增大，实现制动缓冲。调节针形节流阀的流通面积，便可改变缓冲作用的强弱。

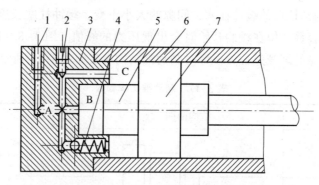

1—油口；2—可调针形节流阀；3—缸盖；4—单向阀；5—缓冲柱塞；6—缸筒；7—活塞。

图3-10　可调式节流缓冲装置

当活塞反向运动时，压力油由 A 腔经单向阀 3 进入 C 腔，使活塞迅速起动。

必须指出，上述缓冲装置只能在液压缸全行程终了时才起缓冲作用，若活塞在行程过程中停止运动，则缓冲装置不起缓冲作用，这时在回油路上可设置行程阀来实现缓冲。

3.2.7　液压缸的排气装置

对于运动速度稳定性要求较高的机床液压缸和大型液压缸，则需要设置专门的排气装置，如排气螺钉、排气阀等。

排气装置一般设置在液压缸两端缸筒或端盖上，位置最高、方便操作，双作用液压缸需要设置两个排气装置。当需要排出气体时，就打开相应的排气装置，空气连同油液经过圆锥侧缝隙和孔隙或小孔排出，直至连续冒出纯净油液时结束，将其关闭。

排气装置的结构有多种形式，常用排气装置（阀）结构如图 3-11 所示。图 3-12 为图 3-11（a）排气阀 M12 的零件尺寸。表 3-18 为图 3-11（b）的排气阀零件尺寸。

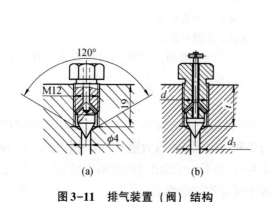

(a)　　　　　　(b)

图3-11　排气装置（阀）结构

（a）结构1；（b）结构2

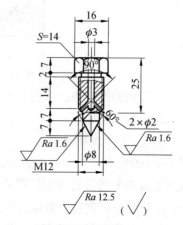

图3-12　排气阀 M12 的零件尺寸

表 3-18　排气阀零件尺寸

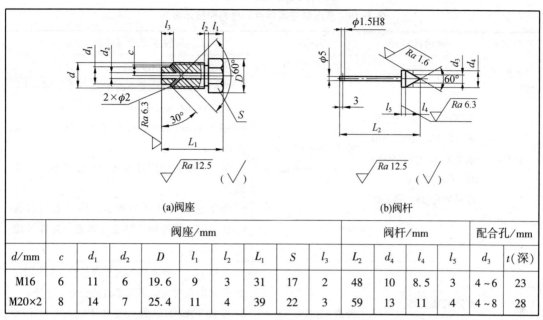

(a)阀座　　　　　　　　　　　　(b)阀杆

d/mm	阀座/mm									阀杆/mm				配合孔/mm	
	c	d_1	d_2	D	l_1	l_2	L_1	S	l_3	L_2	d_4	l_4	l_5	d_3	t(深)
M16	6	11	6	19.6	9	3	31	17	2	48	10	8.5	3	4~6	23
M20×2	8	14	7	25.4	11	4	39	22	3	59	13	11	4	4~8	28

注：1. 零件材料：阀座为 25 铸钢；阀杆 3Cr18 为不锈钢；

　　2. 阀杆头部热处理调质 38~44HRC；

　　3. 孔深指钻孔及螺纹深度，结合具体尺寸调整。

　　4. 排气阀以螺纹 d 大小标记，如排气阀 M16。

对于一些要求较低的简单液压缸，或者在空间受限制的特殊场合，有的也可以设置简易的排气装置，其结构如图 3-13 所示。

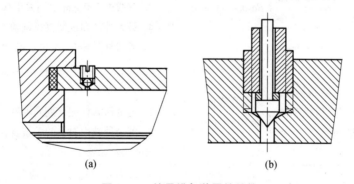

(a)　　　　　　　　　　　　　(b)

图 3-13　简易排气装置的结构

（a）内角丝堵结构；（b）外角丝堵结构

3.2.8　液压缸主要零件的材料和技术要求

液压缸主要零件如缸体、活塞、活塞杆、缸盖、导向套的材料和技术要求，如表 3-19 所示。

不同类型的液压缸对应不同的零件结构，不同零件技术要求，粗糙度标注位置、形式及其他要求，可以参考典型液压缸结构图 3-14 ~ 3-33。

表 3-19　液压缸主要零件的材料和技术要求

零件名称	常用材料	粗糙度	技术要求（主要）
缸体	无缝钢管：20、35、50 灰铸铁 HT：200、350 球墨铸铁 QT：500 - 05、600-02 铸钢 ZG：25、35、45	液压缸内圆柱面： Ra 0.2 ~ 0.4 μm	1. 内径配合 H7 ~ H9； 2. 内径圆度、圆柱度不大于直径公差的一半； 3. 直线度 500 mm 上不大于 0.03； 4. 端面对轴线的垂直度在 100 mm 上不大于 0.04； 5. 缸体与缸盖用螺纹连接时螺纹采用 GH 级精度； 6. 为防止腐蚀和提高寿命，内表面可以镀 0.03 ~ 0.04 的硬铬，再进行抛光，缸体外涂防腐蚀油漆
活塞	整体活塞：35、45 其他： ZT、HT：150、200	外表面： Ra 0.8 ~ 1.6 μm	1. 外径圆度、圆柱度不大于直径公差的一半； 2. 径对内孔的跳动不大于直径公差的一半； 3. 端面对轴线的垂直度在 100 mm 上不大于 0.04； 4. 活塞外径用橡胶密封圈时可取 f6 ~ f9 配合，内孔与活塞杆的配合可取 H8
活塞杆	实心杆：35、45 空心杆：35、45 的无缝钢管	外表面： Ra 0.4 ~ 0.8 μm	1. 热处理：调质 20 ~ 25HRC； 2. 最大外径和过度直径圆度、圆柱度不大于直径公差的一半； 3. 直线度 500 mm 上不大于 0.03； 4. 最大外径和过度直径跳动不大于 0.01； 5. 活塞杆与导套 H8/f7，与活塞 H8/h8
缸盖	常用：35、45 或铸钢；兼导向时：铸铁和耐磨铸铁	配合孔表面： Ra 0.8 ~ 1.6 μm	1. 配合面圆度、圆柱度不大于直径公差的一半； 2. 与缸筒和杆配合处同轴度不大于 0.03； 3. 配合处端面对孔的垂直度在 100 mm 上不大于 0.04
导向套	常用：青铜、耐磨铸铁、球墨铸铁、聚四氟乙烯	配合孔或接触表面： Ra 0.8 ~ 1.6 μm	1. 导向套的长度一般取活塞杆直径的 0.6 ~ 1 倍； 2. 外直径与内孔的同轴度不大于内孔公差的一半

3.3　液压缸典型结构

液压缸在使用过程中经常会遇到液压缸安装不当、活塞杆承受偏载、液压缸或活塞下垂以及活塞杆的压杆失稳等问题，在液压缸设计过程中应注意以下几点，以降低使用中故障发生率，提高液压缸的性能。

（1）尽量使液压缸的活塞杆在受拉状态下承受最大负载，或在受压状态下具有良好的稳定性。

（2）考虑液压缸行程终了处的制动问题和液压缸的排气问题，需要在缸内设置缓冲装置和排气装置。

（3）确定液压缸的安装、固定方式，如承受弯曲的活塞杆不能用螺纹连接，要用止口连接；液压缸不能在两端用键或销定位，只能在一端定位，为的是不致阻碍它在受热时的膨胀；如冲击载荷使活塞杆压缩，定位件应设置在活塞杆端，如冲击载荷使活塞杆拉伸，定位件则应设置在缸盖端。

（4）液压缸各部分的结构需根据推荐的结构形式和设计标准进行设计，尽可能做到结构简单、紧凑，加工、装配和维修方便。

（5）在保证能满足运动行程和负载力的条件下，应尽可能地缩小液压缸的轮廓尺寸。

（6）要保证液压缸密封可靠，防尘良好。

为了使设计者绘制液压缸工作图更加方便，本书提供以下几种典型的液压缸装配图及零件工作图作为参考。

3.3.1　组合机床液压缸

组合机床液压缸的装配图及主要零件工作图，如图 3-14 ~ 3-19 所示。

3.3.2　液压机液压缸

液压机液压缸的装配图及主要零件工作图，如图 3-20 ~ 3-28 所示。

3.3.3　夹紧液压缸

夹紧液压缸的装配图及主要零件工作图，如图 3-29 ~ 3-34 所示。

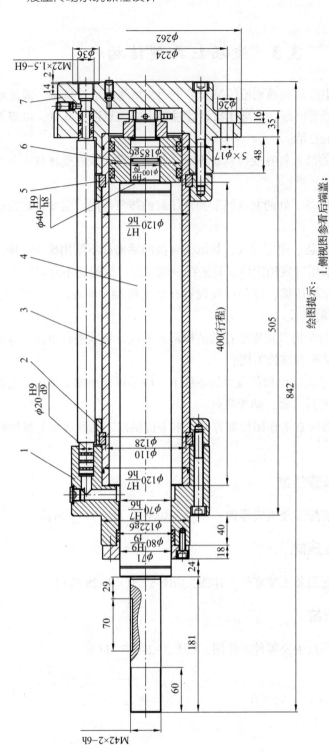

绘图提示：
1. 侧视图参看后端盖；
2. 俯视图根据需要完成；
3. 图中标号零部件提供了图例。

图3-14 组合机床液压缸装配图

1—前缸盖；2—固定套；3—缸体；4—活塞杆；5—半环；6—活塞；7—后缸盖。

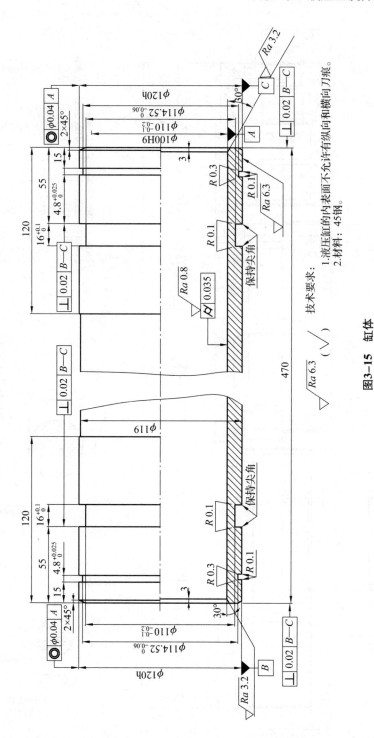

技术要求：
1. 液压缸的内表面不允许有纵向和横向刀痕。
2. 材料：45钢。

$\sqrt{Ra\,6.3}$ （$\sqrt{}$）

图3-15　缸体

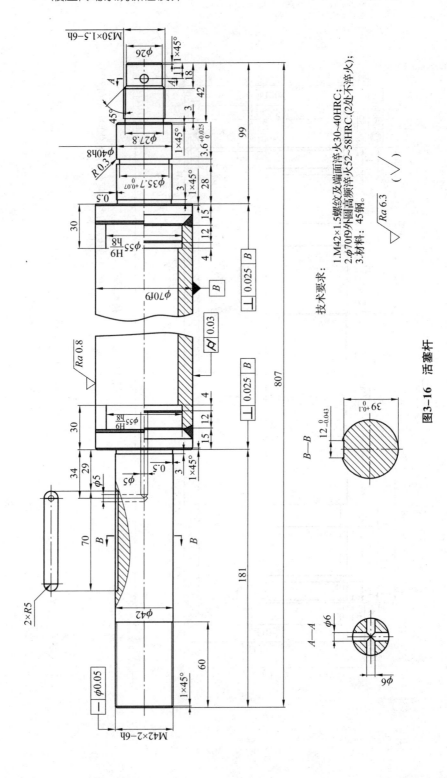

技术要求:
1.M42×1.5螺纹及端面淬火30~40HRC;
2.φ70f9外圆高频淬火52~58HRC.(2处不淬火);
3.材料: 45钢。

$\sqrt{Ra\ 6.3}$ ($\sqrt{}$)

图3-16 活塞杆

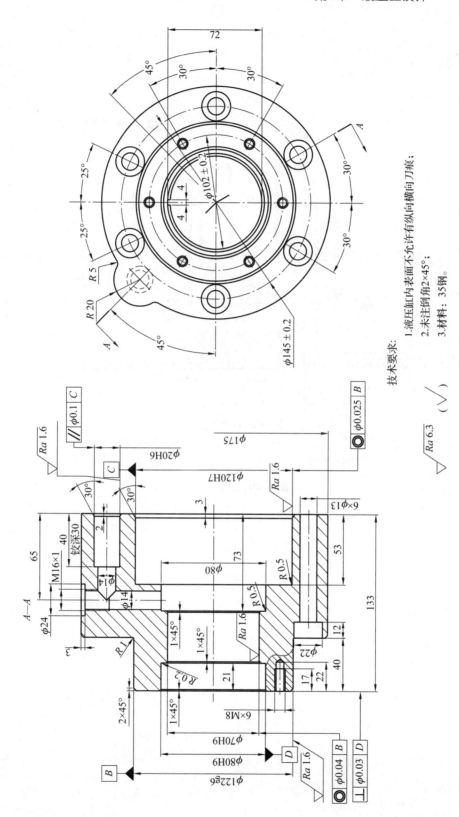

技术要求：

1.液压缸内表面不允许有纵向横向刀痕；
2.未注倒角2×45°；
3.材料：35钢。

$\sqrt{Ra\,6.3}$ ($\sqrt{}$)

图3-17 前端盖

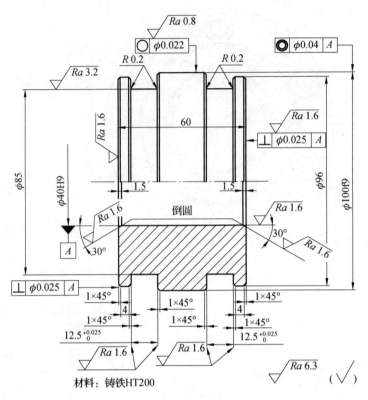

图 3-18　活塞

材料：铸铁HT200

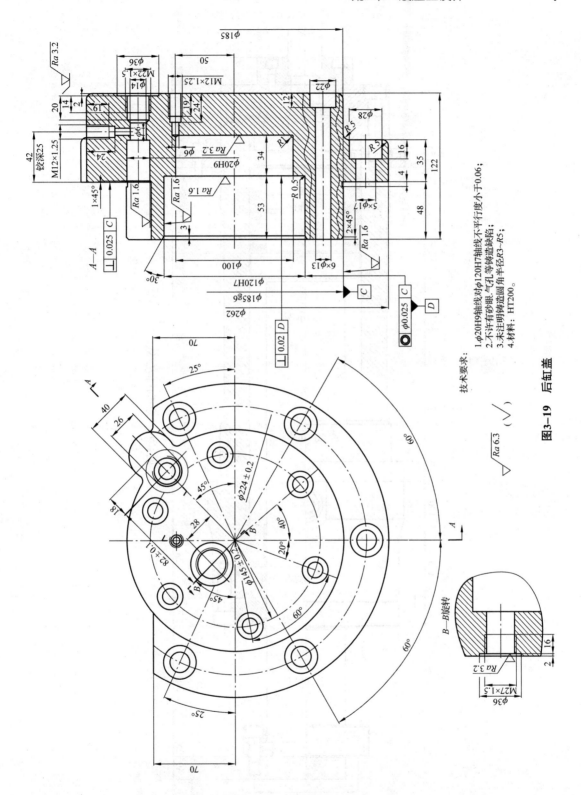

技术要求：
1. φ20H9轴线对φ120H7轴线不平行度小于0.06；
2. 不许有砂眼、气孔等铸造缺陷；
3. 未注明铸造圆角半径R3~R5；
4. 材料：HT200。

$\sqrt{Ra\ 6.3}$ （$\sqrt{}$）

图3-19　后缸盖

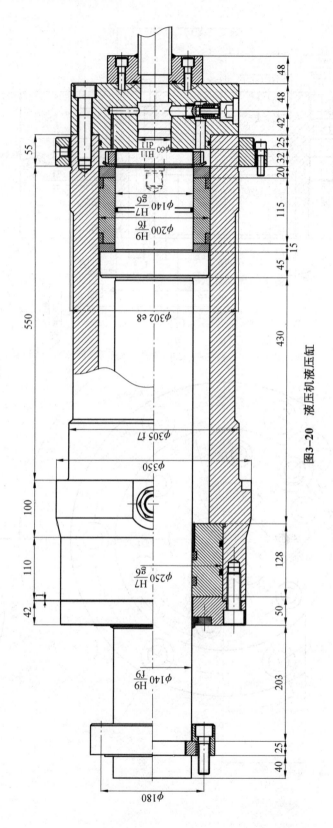

图3-20 液压机液压缸

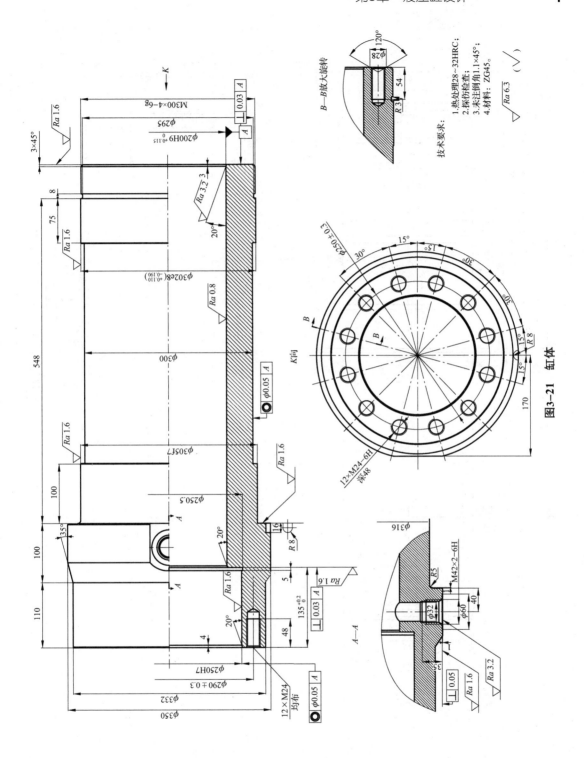

图3-21 缸体

技术要求:
1.热处理28~32HRC;
2.探伤检查;
3.未注倒角1.1×45°;
4.材料: ZG45。

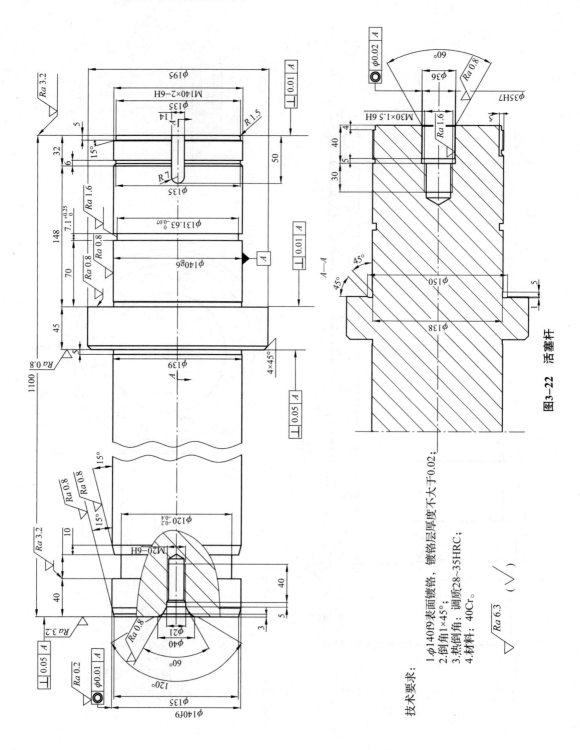

图3-22　活塞杆

技术要求：

1.φ140f9表面镀铬，镀铬层厚度不大于0.02；
2.倒角1×45°；
3.热倒角：调质28~35HRC；
4.材料：40Cr。

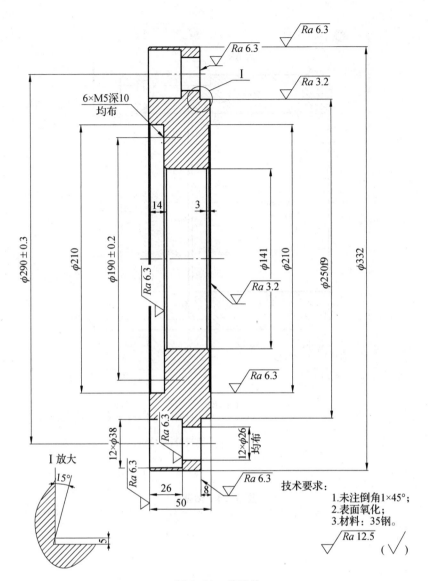

技术要求:
1.未注倒角1×45°;
2.表面氧化;
3.材料:35钢。

图 3-23　前端盖

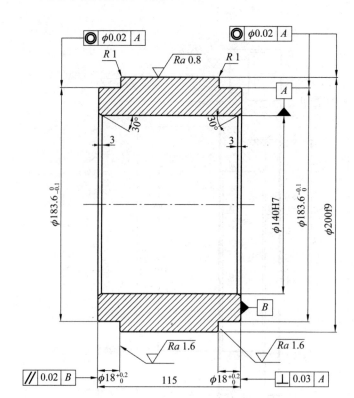

技术要求:

1.材料内部不得有夹砂、疏松等缺陷;
2.未注倒角1×45°;
3.材料: ZQSn6-6-3。

图3-24 活塞

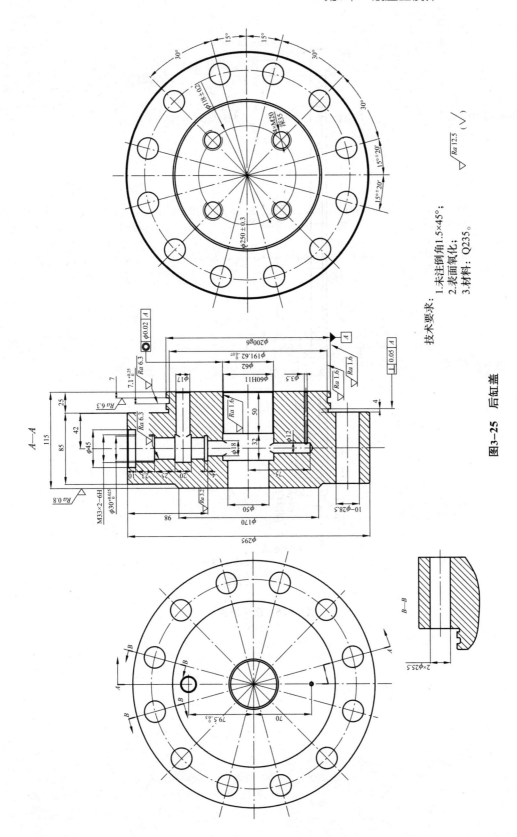

技术要求：1.未注倒角1.5×45°；
　　　　　2.表面氧化；
　　　　　3.材料：Q235。

图3-25　后缸盖

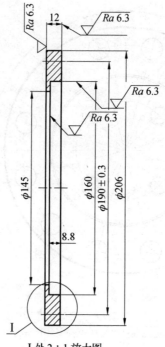

I 处 2∶1 放大图

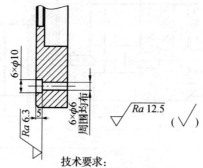

技术要求：
1.未注倒角1×45°；
2.表面氧化；
3.材料：Q235。

图 3-26　防尘压盖

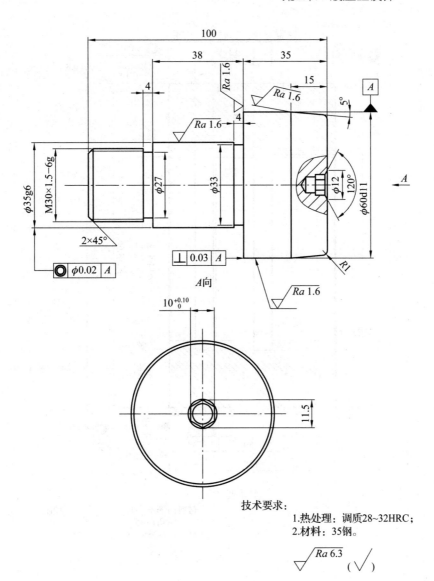

A向

技术要求:
1.热处理:调质28~32HRC;
2.材料:35钢。

$\sqrt{Ra\,6.3}$ ($\sqrt{}$)

图3-27 节流锥体

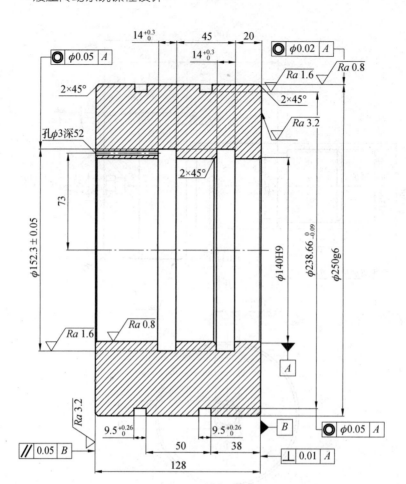

技术要求：

1. 材料内部不得有砂眼、疏松等缺陷；
2. 未注倒角1×45°；
3. 材料：ZQSn6-6-3。

图 3-28　导套

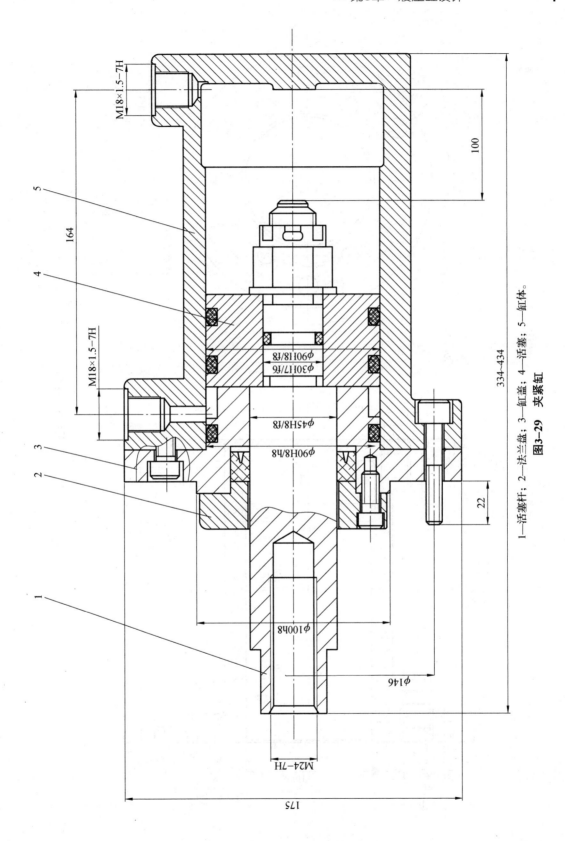

图3-29 夹紧缸

1—活塞杆；2—法兰盘；3—缸盖；4—活塞；5—缸体。

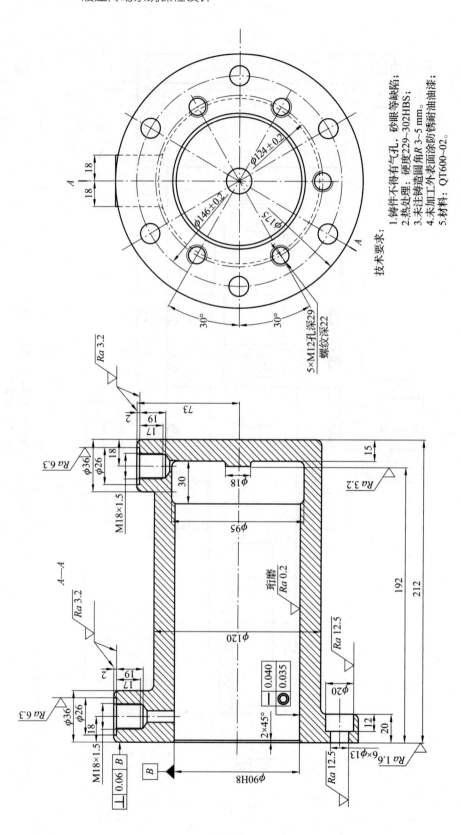

图3-30　缸体

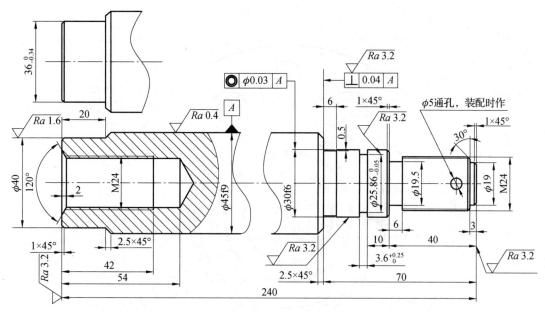

技术要求：

1. 热处理，调质25~30HRC；
2. 去毛刺，锐边；
3. 材料：45钢。 $\sqrt{Ra\,6.3}$ ($\sqrt{}$)

图3-31 活塞杆

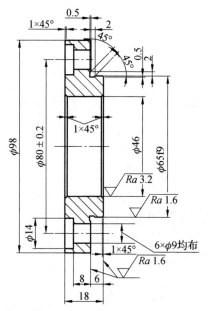

技术要求：

1. 铸件不得有砂眼和气孔；
2. 去毛刺，锐边；
3. 材料：HT200。 其余 $\sqrt{Ra\,6.3}$ ($\sqrt{}$)

图3-32 法兰盘

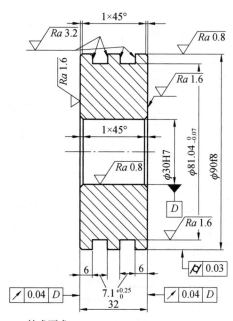

技术要求：

1. 铸件不得有砂眼和气孔；
2. 去毛刺，锐边；
3. 材料：HT200。 其余 $\sqrt{Ra\,6.3}$ ($\sqrt{}$)

图3-33 活塞

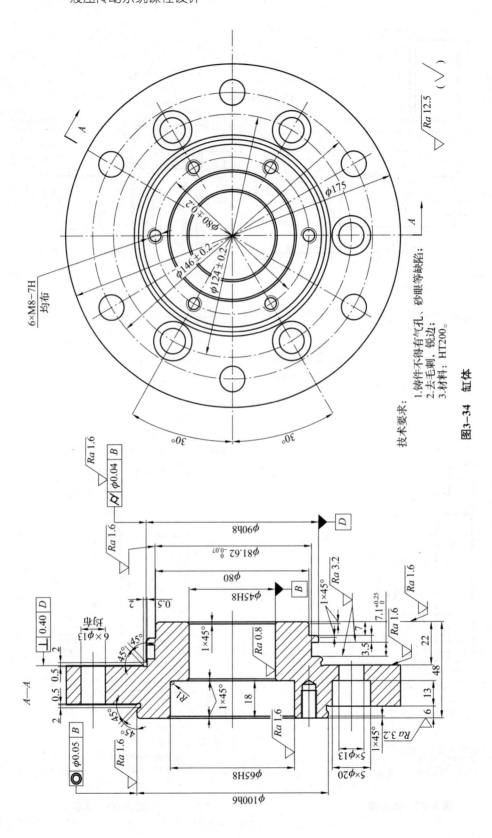

技术要求：
1.铸件不得有气孔、砂眼等缺陷；
2.去毛刺，锐边；
3.材料：HT200。

图3-34 缸体

第4章
液压元件集成设计

液压系统设计计算完成后，根据确定的液压原理图以及所选用或设计的液压元件和辅助元件，可进行液压装置的结构设计，其中液压元件的集成设计对液压系统的制造、安装、使用和故障诊断有着很大影响。

普通液压元件有管式和板式两种连接方式，管式连接液压元件通过管接头和管路将各个元件连接起来，具有连接简单、不需要设计和制造油路板或油路块等辅助连接件等优点。但当液压系统的元件较多时，液压元件和管路组成的系统结构将非常复杂，具有占用空间大、安装维护和故障诊断困难、系统运行时压力损失大、各接头处容易产生泄漏等缺点，因此，这种连接方式仅用于简单的液压系统及有些行走的机械设备中。

板式连接液压元件可以采用液压集成回路设计，它是将液压元件安装在集成块上，集成块一方面起安装底板作用，另一方面起内部油路作用。元件之间由集成块上的孔道根据液压系统原理连通，由于元件之间无须外部连接管路，因此也称为无管集成。由于集成块结构紧凑，安装维护方便，且无管集成外观整齐、不易泄漏，从而消除了因油管、接头引起的泄漏、振动和噪声等影响，因此这种集成方式广泛应用于各类液压设备中。液压集成回路也可用于设计多个集成块，每个集成块可设计成通用集成块形式，便于设计、生产、使用和维护。

叠加阀和二通插装阀是近年来发展起来并得到普遍应用的液压控制阀，它们的集成方式也是属于无管集成，并具有无管集成的优点。叠加阀集成回路具有其独特的优点，既是控制阀又具有连接油路的作用，且叠加阀集成回路不需要另外的连接件，由叠加阀直接叠加在底板上而成，其结构更为紧凑，体积更小，质量更轻。

二通插装阀是一种以锥阀为基本单元的新型液压元件，在高压、大流量的液压系统中应用较广泛。液压系统越复杂其集成回路相对越简单，通径相同的插装阀集成与等效的滑阀集成相比，前者的体积和质量相对较小，且流量愈大，效果愈显著。

4.1 液压集成回路的设计

液压集成回路是液压系统应用最为普遍的一种集成方式，它是将板式连接液压元件按系统要求安装在集成块上，通过集成块内部的通油孔道将液压元件根据液压系统原理进行沟通，从而组成液压控制系统。集成块包括通用集成块和专用集成块。

液压回路分为若干单元回路，每个单元回路都设计成通用液压单元集成回路，每个单元集成回路之间采用通用的进油口和回油口，设计集成回路时选用通用单元集成回路组成所需要的液压控制系统，这样可以减少设计工作量，提高通用性。

图4-1为铣削专用机床的液压系统集成回路原理图，机床要求液压系统完成的工作循环是：工件夹紧→工作台快进→工作台工进→工作台快退→工件松开。铣削专用机床由限压式变量叶片泵2供油，工作台快进采用差动连接快速回路，工作台工进采用回油节流调速阀调速回路，这种容积节流调速回路系统效率高、工进运行速度平稳。夹紧回路采用减压阀7控制夹紧力，采用单向节流阀10控制夹紧速度，二位四通电磁换向阀9采用失电夹紧方式，避免工作时突然失电而松开。液压回路分为工作台方向控制单元回路、压力控制单元回路和夹紧控制单元回路。表4-1为铣削专用机床的液压系统电磁铁动作顺序。液压集成回路设计完成后要和液压系统原理进行比较分析，检验液压集成回路是否出了差错。

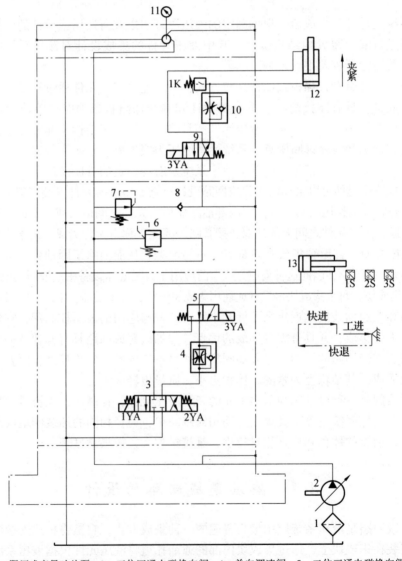

1—过滤器；2—限压式变量叶片泵；3—三位四通电磁换向阀；4—单向调速阀；5—二位三通电磁换向阀；6—溢流阀；
7—减压阀；8—单向阀；9—二位四通电磁换向阀；10—单向节流阀；11—压力表；12—夹紧缸；13—工作台移动缸；
1K—压力继电器；1S、2S、3S—行程开关。

图4-1　铣削专用机床的液压系统集成回路原理图

表4-1 铣削专用机床的液压系统电磁铁动作顺序

动作	电磁铁							
	1YA	2YA	3YA	4YA	1S	2S	3S	1K
工件夹紧	—	—	—	—	—	—	—	+
工作台快进	+	—	+	—	—	+	—	—
工作台工进	+	—	—	—	—	—	+	—
工作台快退	—	+	—	—	+	—	—	—
工件松开	—	—	—	+	—	—	—	—

随着现代工业的发展，目前针对具体设备液压系统设计的专用集成回路应用越来越普遍。专用集成块的设计为长方体或正方体，其底面用于整个集成块的安装面，其他五个面均可安装液压元件和管接头。将板式连接液压元件安装在集成块上，元件之间连接通过集成块内钻孔连通。

集成块的设计要求结构紧凑、体积小、质量轻，内部油路应尽量简洁，尽量避免长孔、斜孔和工艺孔。

4.1.1 液压集成块的结构

1. 集成块液压元件布置要求

集成块液压元件布置要求如下。

（1）液压元件阀芯应处于水平方向，防止阀芯自重影响液压阀的灵敏度，特别是换向阀一定要水平布置。

（2）根据液压系统原理布置液压元件，使其通于同一油路的液压元件油口处于同一坐标轴线上，或轴线距离不大于孔道半径，以减少工艺孔的数量，尤其是压力油孔道尽量避免加工工艺孔，以免增加泄漏。

（3）液压元件之间间隙应大于5 mm，换向阀上电磁铁、压力阀的先导阀以及压力表等可适当伸到液压集成块的轮廓线外，以减小集成块的尺寸。

（4）工作中经常调节的液压元件，如溢流阀、流量控制阀等应安装在便于操作的位置。

（5）集成块上应设置足够数量的测压点。

图4-2是铣削专用机床液压集成块，它是由底板1、方向控制块2、压力控制块3、夹紧控制块4、顶盖5这些单元液压集成块组成，由4个螺栓把它们连接起来，液压元件分别固定在各个集成块上，组成一个完整的液压系统，液压泵通过油管与底板连接，系统回油通过底板回油箱，整个集成块通过螺钉6固定在油箱上。

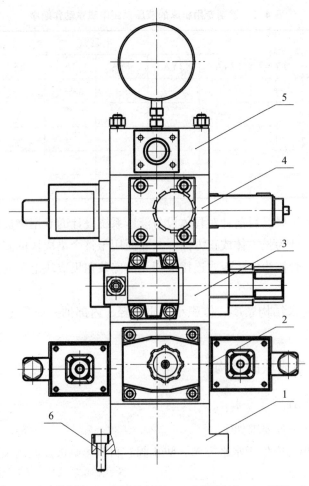

1—底板；2—方向控制块；3—压力控制块；4—夹紧控制块；5—顶盖；6—螺钉。

图4-2　铣削专用机床液压集成块

表4-2为铣削专用机床液压集成块元件装配表。

表4-2　铣削专用机床液压集成块元件装配表

序号	集成块名称	安装元件	规格
1	底　板	直通管接头	A10 JB1902-77
2	方向控制块	单向调速阀	AQF3-E10B
		电磁换向阀	23EF3B-E10B
		电磁换向阀	34EF30-E10B

续表

序号	集成块名称	安装元件	规格
3	压力控制块	单向阀	AF3—EA10B
		减压阀	JF3—10B
		溢流阀	YF3—E10B
4	夹紧控制块	压力继电器	DP1—63B
		单向节流阀	ALF—E10B
		电磁换向阀	24EF3—E10B
5	顶　盖	压力表	KF3—E3B
6	螺　钉	—	M12×20

2. 液压集成块的结构

集成块材料一般为铸铁或锻钢，低压系统集成块可采用铸铁，因为其可加工性好且利于长孔加工，要求所用材料不得有缩孔、疏松等缺陷；中、高压系统集成块一般选 20 钢和 35 钢，高压系统最好采用 35 锻钢。

集成块体积不宜过大。应合理设计液压元件安装位置和集成块内部油路，尽量减小集成块体积，如果集成块体积加大，则既增加成本又使集成块中油道过长不利于加工，同时也难以控制孔道位置精度，易造成废品。

集成块孔道的加工为钻孔。为了防止钻头损坏，应尽量避免斜孔加工；钻深孔时钻头容易损坏，通常钻孔深度不宜超过孔径的 25 倍；两个孔道间的壁厚应有足够强度，避免压力油破坏孔壁，一般设计孔道间壁厚大于 5 mm。集成块钻相交孔多为直角相交，若相交孔轴线不相交，则最大偏心距不大于较大孔的半径。

液压集成块的尺寸标注可以采用基面式和坐标式两种尺寸标注方式。结构较复杂的集成块一般采用坐标式，即在块体上选一角，通常选主视图左下角作为坐标原点，以 xyz 坐标形式标出各个孔的中心坐标，其液压元件安装面上只标出基准螺钉孔的坐标，其余相关尺寸以基准螺钉孔为基准标注。这种标注方法便于 CAD、CAM 绘图和加工。

集成块安装液压元件表面粗糙度要求 $Ra\ 0.8\ \mu m$，管接头密封面表面粗糙度 $Ra\ 3.2\ \mu m$，集成块内部孔道和其他表面粗糙度 $Ra\ 6.3 \sim 12.5\ \mu m$。

4.1.2　液压集成块的设计

液压集成块的设计包括以下 5 个部分。

（1）根据液压元件样本液压阀安装底板提供的尺寸设计集成块上液压阀油口和安装孔的位置尺寸。

（2）集成块进油口为压力油口，尺寸由液压泵流量来确定，回油口一般大于压力油口。直接与液压元件相通的液压油口由选定的液压元件油口尺寸确定，连接孔道的工艺孔用螺塞堵住。

（3）水平位置孔道可分三层进行布置，第一层一般布置为泄油口和控制油口；第二层布置为压力油口；第三层布置为回油口，或者也可以采用其他孔道布置方式。

（4）集成块设计应以加工的孔越少越好，液压元件孔道关系如图4-3所示，液压元件孔道相通的油口尽可能布置在同一轴线上，或在直径 d 的范围内，如图4-3（a）所示，否则要钻工艺孔，如图4-3（b）、（c）所示，互不相通孔道之间的最小壁厚一般要大于5 mm，必要时必须进行强度校核，如图4-3（d）所示。

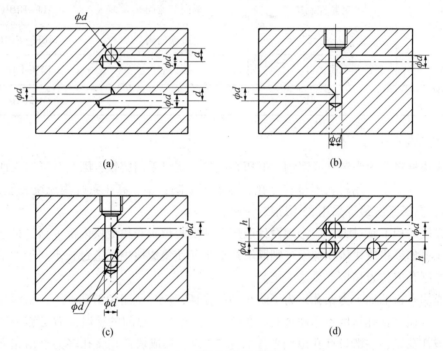

图4-3　液压元件孔道关系

（5）设计时要注意避免液压控制阀的固定螺孔、集成块固定螺孔与阀口通道相通。液压元件泄油孔可考虑与回油孔合并。

图4-4为铣削专用机床集成块底板块，其作用是连接集成块组，液压泵压力油由底板 P 口引入各集成块，液压系统回油和泄油经底板 T 口接回油箱。

图4-5为顶盖，主要用途是封闭主油路，安装压力表开关及压力表。

图4-6为铣削专用机床集成块压力控制块，集成块上布置3个液压元件，分别是溢流阀、减压阀和单向阀，采用 GE 系列液压阀。

其他集成块设计方法类似。

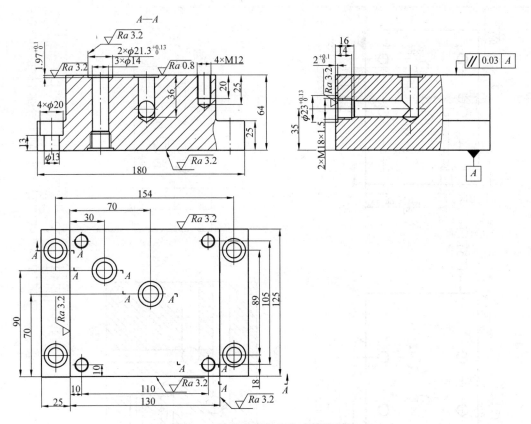

图4-4 铣削专用机床集成块底板块

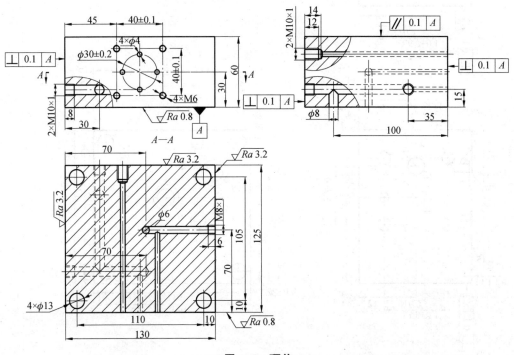

图4-5 顶盖

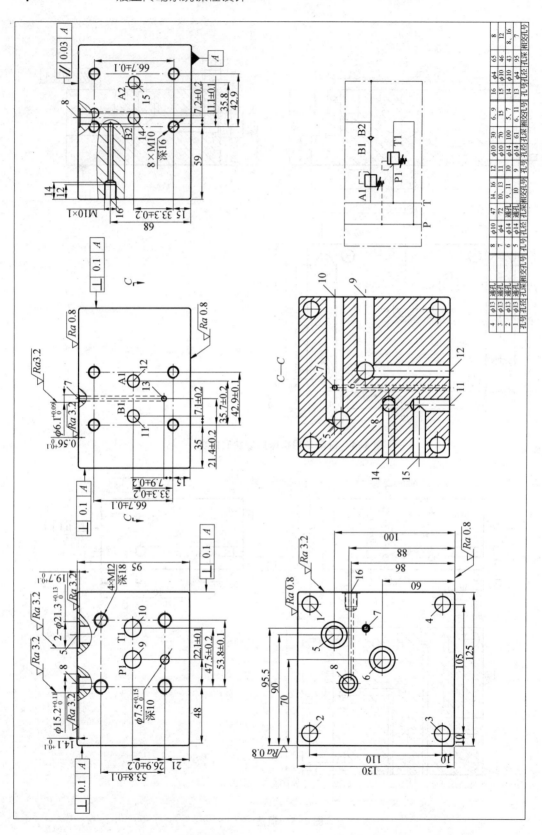

图4-6　铣削专用机床集成块压力控制块

4.2 叠加阀集成回路的设计

叠加阀的工作原理与一般液压阀相同，只是具体结构不同。每个叠加阀除了具有液压控制阀的功能外，还具有油路连接通道的作用，叠加阀集成是通过阀与阀叠加在底板块上组成不同的液压控制系统，不需要另外的连接块和连接管路，因此叠加阀集成块具有结构紧凑、体积小、质量轻、配置灵活和安装维护方便等优点。

4.2.1 叠加阀集成块的结构

1. 液压叠加回路设计

把普通液压回路变成液压叠加回路，以数控管螺纹车床翻转卡盘液压控制系统原理为例，如图4-7所示。应先对叠加阀系列型谱进行研究，重点注意叠加阀的机能、通径和工作压力，对要选用的叠加阀应将其与普通阀原理进行对比，验证其使用后的正确性，最后将选好的叠加阀按一定的规律叠成液压叠加回路。绘制叠加回路时，要注意如下6点。

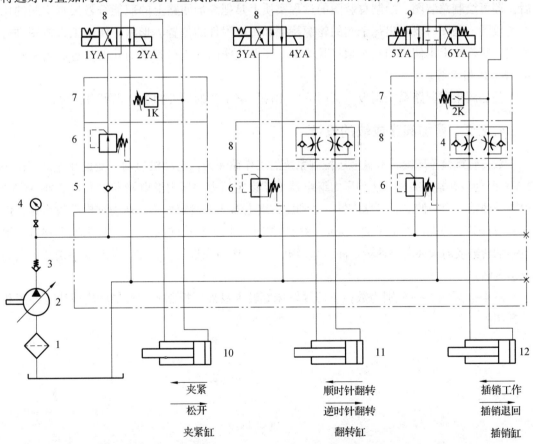

1—过滤器；2—限压式变量叶片泵；3—单向阀；4—压力表；5—叠加式单向阀；6—叠加式减压阀；7—压力继电器；
8—二位四通电磁换向阀；9—三位四通电磁换向阀；10—夹紧缸；11—翻转缸；12—插销缸。

图4-7 数控管螺纹车床翻转卡盘液压控制系统原理

（1）主换向阀、叠加阀和阀板之间的通径和连接尺寸应一致，数控管螺纹车床翻转卡盘液压控制系统采用的是通径 10（Dg10）系列的叠加阀。

（2）主换向阀为普通换向阀，布置在叠加阀的最上面，兼作顶盖用。执行元件通过连接油管和阀板连接，叠加阀布置在主换向阀与阀板之间。

（3）压力表开关应紧靠底板块，否则将无法测出各点压力。在集中供油多块底板的组合系统中，至少要一个压力表开关。凡有减压阀的支系统都应设一个压力表开关。

（4）在集中供油系统中，顺序阀通径应按高压泵流量确定，溢流阀通径应由液压泵总流量确定。

（5）回油路上的调速阀、节流阀和电磁节流阀，应布置在紧靠主换向阀的地方，尽量减少回油路压力损失。

（6）一般情况下，一个叠阀只能控制一个执行元件，如果系统复杂，多缸工作时，则可通过底板块连接出多个叠阀。

2. 绘制液压叠加回路总装图

把所设计的液压叠加回路进行反复校验，与系统图进行比较，确认其工作原理无误后，即可绘制总装图。绘制总装图的过程实质上是把叠加回路上的职能符号按真实阀的比例画成图。画图时要画出每个阀的轮廓特征和每个附件的位置、形状，便于工人按图进行装配。底板块上不使用的孔必须将其堵上，还要注明向外连接管道的孔的位置和名称，如 A、B、P 和 T 等。

叠加阀集成回路系统阀板可选用液压元件厂家生产的标准阀板，也可自行设计。

4.2.2　叠加阀集成块的设计

数控管螺纹车床翻转卡盘液压控制系统的工作循环为：电动机启动→变量叶片泵工作→2 YA 得电→夹紧缸夹紧→达到压力继电器 1 K 设定压力→压力继电器发出夹紧信号→5 YA 得电→插销工作→伸出为卡盘定位→达到压力继电器 2 K 设定压力，压力继电器发出定位信号→刀具对工件进行加工→加工完成→6 YA 得电→插销缸换向阀换向→插销退回→4 YA 得电→翻转缸换向阀换向→翻转工件→插销第二次工作→完成另一面加工→1YA→松开卡盘→取出工件。

图 4-8 和图 4-9 分别为数控管螺纹车床翻转卡盘液压控制系统叠加阀集成块零件图和装配图。

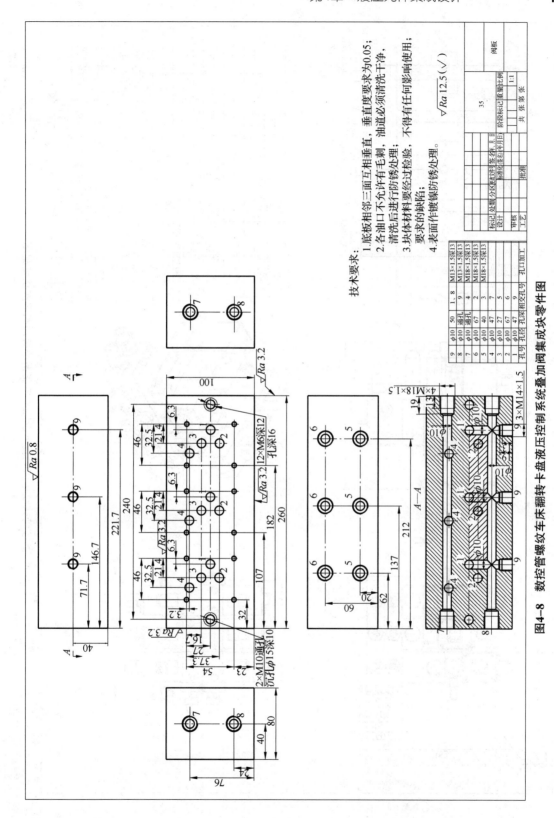

技术要求：

1. 底板相邻三面互相垂直，垂直度要求为0.05；
2. 各油口不允许有毛刺，油道必须清洗干净，清洗后进行防锈处理；
3. 块体材料要经过检验，不得有任何影响使用要求的缺陷；
4. 表面作镀镍防锈处理。

$\sqrt{Ra\ 12.5}$ ($\sqrt{}$)

图4—8 数控管螺纹车床翻转卡盘液压控制系统加阀叠加阀集成块零件图

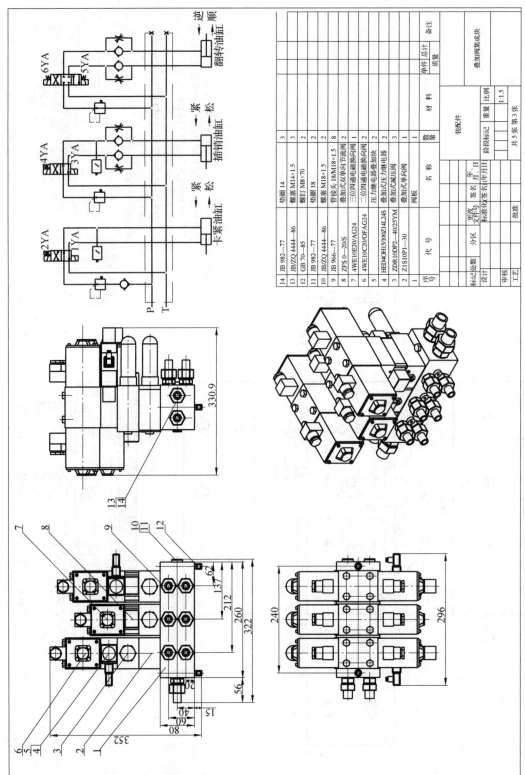

序号	代号	名称	数量	材料	单件	总计	备注
					质量		
14	JB 982—77	垫圈14	3				
13	JB/ZQ 444—86	螺塞 M14×1.5	3				
12	GB 70—85	螺钉 M8×70	2				
11	JB 982—77	垫圈18	2				
10	JB/ZQ 444—86	螺塞 M18×1.5	2				
9	JB 966—77	管接头 18/M18×1.5	8				
8	ZFS 0—20/S	叠加式双单向节流阀	2				
7	4WE10E20/AG24	三位四通电磁换向阀	1				
6	4WE10C20/OFAG24	二位四通电磁换向阀	2				
5	HED1OH15/100Z1412-4S	压力继电器	2				
4	ZDR10DP2—40/25YM	叠加式压力继电器	3				
3	Z1S10P1—30	叠加式单向阀	3				
1		阀板	1				

标记	处数	分区	更改 文件号	签名	年 月, 日			
设计						阶段标记	重量	比例
审核			标准化	签名	年月日			
工艺			批准			共 5 张 第 3 张		1:1.5

叠加阀集成块

装配件

叠加阀集成块

图4-9 数控管螺纹车床翻转卡盘液压控制系统叠加阀集成块装配图

4.3 二通插装阀集成回路的设计

二通插装阀不同于滑阀类液压控制阀，由于其阀口多采用锥阀密封，因而其泄漏小，适用于高压、大流量的液压系统。二通插装阀结构简单、工作可靠、标准化程度高，相对于较复杂的液压系统，集成后的二通插装阀液压控制装置可以缩小安装空间，减小尺寸和质量。

4.3.1 二通插装阀集成块的结构

二通插装阀集成块由插入元件、控制盖板、集成块体组成，插入元件由阀芯、阀套、弹簧和密封件组成，将一个或多个插入元件进行不同的组合，配以相应的先导控制级，可以组成插装阀的各种控制功能单元，如方向控制功能单元、压力控制功能单元、流量控制功能单元和复合控制功能单元，为便于系列化和标准化，不同制造厂家常设计出自己系列的具有各种复合功能的插装阀集成块，液压系统二通插装阀的集成可以根据液压系统的设计要求，将制造厂家设计的具有各种复合功能的二通插装阀集成块叠加起来，组成二通插装阀液压系统。对于无法选择标准集成块的系统，我们也可以根据液压系统原理，选择标准的插入元件和控制盖板，自行设计集成块体。

二通插装阀集成块的结构如图4-10所示，集成块既是安装插入元件和控制盖板的基础阀体，又是主油路和控制油路的连通体。插装阀的插入元件与不同的先导控制级配合可以组成与普通液压控制阀相同功能的插装阀控制单元。插入元件的安装尺寸是标准的，插入集成块体的标准安装孔中，然后配合不同控制功能的控制盖板，实现所需要的控制功能，集成块体根据系统原理进行安装孔的设计和孔道的连通。

4.3.2 二通插装阀集成块的设计

二通插装阀集成块的设计是根据液压系统要求来选择二通插装阀插件、盖板和先导控制阀的，并根据液压系统原理布置插入元件安装位置和设计主油路和控制油路，按插件标准安装孔尺寸设计插孔尺寸，其他与液压集成块设计要求相同。

图4-11为液压系统集成块设计装配图，从图中可以看出，其主要是二通插装阀的集成，但结合了板式阀的集成，属于复合式集成。这种复合式集成是随着制造业和工业技术的发展，各类机械设备的液压系统和液压装置更加复杂化和多样化而发展起来的。在一个液压系统中可以将板式阀、叠加阀、插入式集成结合使用，构成一个整体的复合式集成液压阀组，以满足液压系统的不同要求。

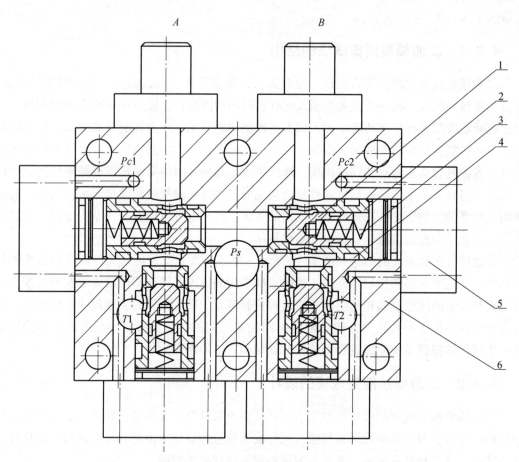

1—阀芯；2—阀套；3—弹簧；4—密封件；5—控制盖板；6—集成块体；

Ps—压力油路；$T1$、$T2$—回油路；$Pc1$、$Pc2$—控制油路；A、B—出油口。

图 4-10　二通插装阀集成块结构

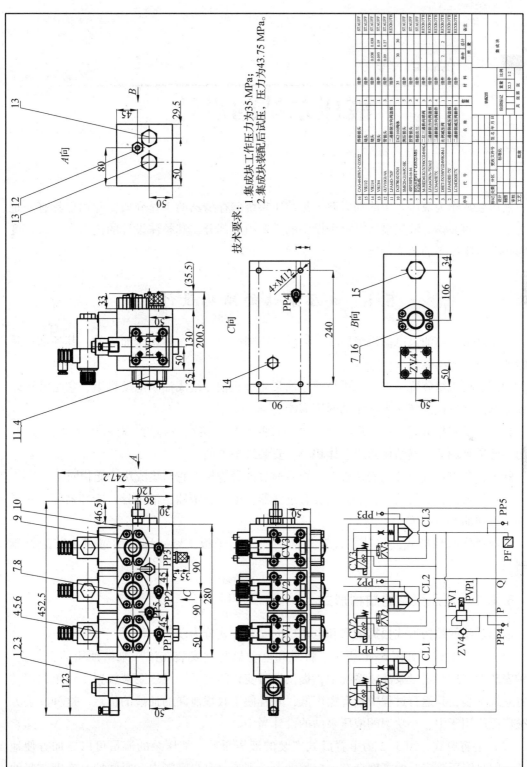

图4-11　液压系统集成块设计装配图

技术要求:
1. 集成块工作压力为35 MPa;
2. 集成块装配后试压, 压力为43.75 MPa。

第5章

液压泵站的设计

液压泵站作为液压系统的动力源，是液压系统储存清洁的工作介质，并输出具有一定压力与流量的液体。液压泵站是整个设备的重要组成部分，其整体设计的优劣在很大程度上影响着液压设备的总体性能。

5.1 液压泵站的结构设计

液压泵站是由油泵电动机组装置、集成块或阀组合、油箱等组合而成的，其各部件及功能如下。

油泵电动机组装置是将电动机与液压油泵通过联轴器组成油泵电动机组，它是液压站的动力源，将机械能转化为液压油的压力能。

集成块是根据液压系统原理将液压阀通过阀底板连接在一起的，对液压油实行方向、压力、流量等调节，其结构紧凑、体积小，安装维护方便。

阀组合是将板式阀装在安装板上，板后通过油管连接，它与集成块功能相同。

油箱是由钢板焊接而成，上面还装有过滤器、空气滤清器、液位计、冷却器等，用来储油、冷却油及过滤等。

电器盒分两种形式，一种是设置外接引线的端子板，另一种是配置了全套的控制电器。

5.1.1 液压泵站的结构形式

液压泵站的结构形式根据油泵和电动机的安装方式分为以下3种。

（1）上置立式。如图5-1所示，将泵和电动机竖立安装在液压泵站油箱的上盖上。这种安装大多用于定量泵液压系统中，提供没有变化的流量。液压泵被放置于油箱内部的上置立式安装，其运行过程中具有噪声低，并且便于收集泄漏的油液的优点。这种安装方式被广泛应用于中、小功率的液压泵站的设计当中。

（2）上置卧式。图5-2为上置卧式安装的液压泵站。液压泵的流量可以更加方便地调节，但是液压泵安装的高度会在一定程度上受到液压泵自吸能力（吸油的真空度与吸油高度）的影响与限制，其自吸真空度一般情况下不超过 0.03 MPa，否则液压泵的吸油口处会产生较大的真空度，从而产生气穴现象。

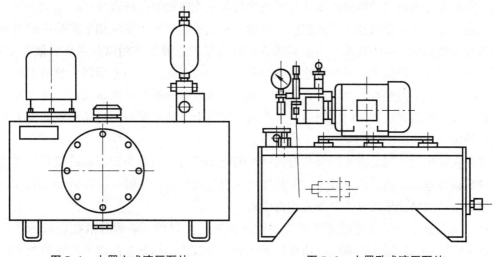

图 5-1　上置立式液压泵站　　　　　　　　图 5-2　上置卧式液压泵站

（3）非上置式。将液压泵放置在油箱旁边独立的平台上，也就是将液压泵组布置于打好的地基或者预先安置好的底座上。假如液压泵组被安装到和油箱一体的公共底座的上面，则称其为整体型液压泵站。非上置式液压泵站又可以分为旁置式、下置式两种不同的安装形式，如图 5-3 和图 5-4 所示。而如果将液压泵独立安置于地基之上，则称其为分离式液压泵站。非上置式液压泵站因为液压泵被放置于低于液压油箱的液面之下，所以能够更加有效地提高液压泵的吸油能力。其具备安装的高度较低，有便于维护的优点，但其占地面积相较上置式更大。所以说，这种安装方式更适用于液压泵的吸入高度受到一定的限制，传动功率较大，同时使用空间不受设计限制及要求快速投入运行，且开机使用率较低的使用场合。

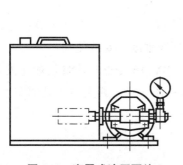
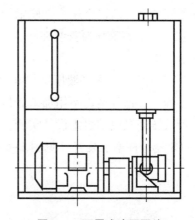

图 5-3　旁置式液压泵站　　　　　　　　图 5-4　下置式液压泵站

综合比较上置式和非上置式液压泵站的特点，可以得到以下结论。上置立式安装占地面积较小，安装的漏油收集更为方便，但振动较大，且油箱的清洗较为麻烦。而上置卧式和非上置式液压泵站则需要另外设置接油盘。对于其安装的液压泵而言，上置立式安装和非上置式安装的工作条件更好一些；对于其安装要求而言，泵与电动机有同轴度的要求，安装时需要考虑液压泵的吸油高度并且吸油管与泵的连接处要严格密封。

除此之外，还有柜式和便携式的液压泵站。柜式液压泵站主要应用于实验室或者小功率的液压系统当中，因为其需要考虑到操作、日常维护保养的空间以及系统的散热需要，从而其设计尺寸一般较大。虽然其缺陷较为明显，但也有优点，即外形较为整洁美观，并且可以在柜子的上面非常方便地放置压力、温度、流量等一系列的测量仪器以及电气控制箱。其将泵和阀组置于封闭的空间当中，在很大程度上屏蔽了噪声同时还有效减少了外界污染物的进入。

便携式液压泵站则是将液压泵和与其搭配的电动机与油箱及为数不多的控制元器件集成的液压动力包，虽然其体量较小，但是使用压力却比较高，一般可以达到 25 MPa 以上。

液压泵站的结构形式分为分散式和集中式。

（1）分散式。分散式是将液压系统的供油装置、控制调节装置分散在设备的各个部位，如机床床身或底座作为液压油箱存放液压油。分散式结构把控制调节装置放置于便于操作的部位，这样就能达到结构紧凑、节省空间的效果。

（2）集中式。集中式是将液压系统的供油装置、控制调节装置集中独立于设备之外，单独设置一个液压泵站。这种结构的优点在于安装维修方便，液压装置在工作中产生的振动、发热等现象都无法直接影响到设备的工作，但其缺点是占地面积大。

5.1.2　液压油泵电动机组

电动机作为一般用途的驱动源，在液压泵站中也起着极其重要的作用。根据液压泵站在驱动时的起动性能、调速性能和转差率等性能的要求，可选择三相异步电动机。

液压泵和电动机的连接方式有支架式、法兰式和法兰支架式。

（1）支架式。将液压泵直接装到支架的上口中，利用支架底部与电动机相连。这种结构难以保证同轴度，所以常用弹性联轴器防止振动产生误差。

（2）法兰式。将液压泵安装在法兰上，再与带法兰的电动机相连，可以保证良好的同轴度，且易于拆装。

（3）法兰支架式。先将液压泵和电动机以法兰连接，再将法兰与支架连接，最后再把支架装在底板上。这种结构不用加工底板，可以保证同轴度，安装便利。

以下为液压油泵电动机组设计实例，主要包括 YBX-16 变量叶片泵装置（见图 5-5）、10CSY14-1B 变量柱塞泵装置（见图 5-6）、法兰（见图 5-7）和支架（见图 5-8）。

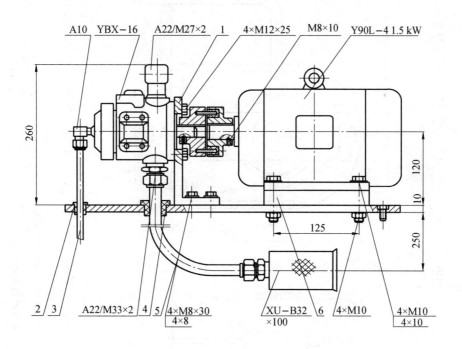

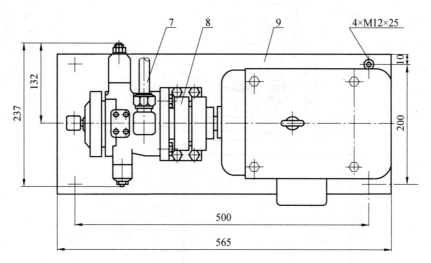

1—支架；2—密封圈；3—泄油管；4—密封圈；5—吸油管；6—电机支架；

7—压油管；8—联轴器；9—油箱盖。

图5-5　YBX-16变量叶片泵装置

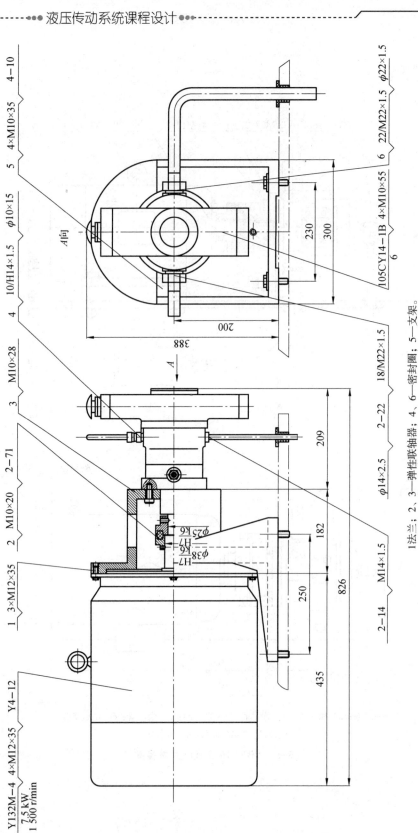

图5-6 10CSY14-1B变量柱塞泵装置

1法兰；2、3—弹性联轴器；4、6—密封圈；5—支架。

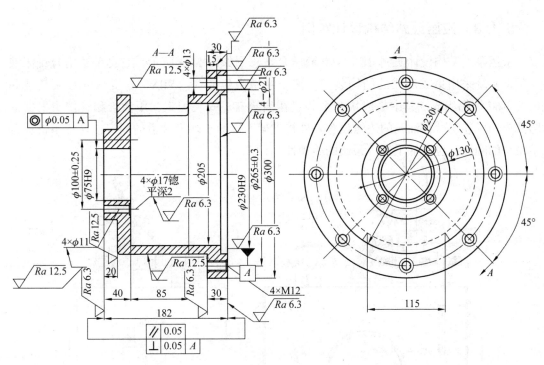

图 5-7 法兰

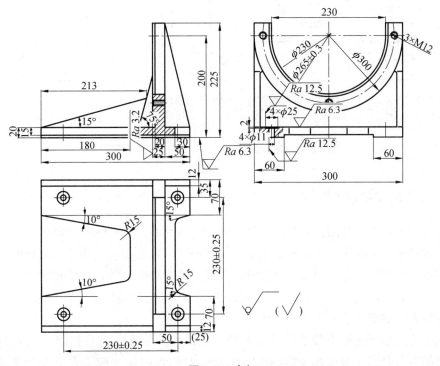

图 5-8 支架

5.1.3 液压泵站结构设计实例

液压泵站结构设计实例 BEX-160 液压泵站总图如图 5-9 所示，它是卧式组合铣床液压传动系统采用集成块式的结构装置。液压泵站由集成块、YBX-16 变量叶片泵装置和 BEX-160 油箱组成。其中集成块和泵装置在油箱盖上安装固定，用油管和管接头根据油路需要加以连接。在油箱的边缘设置一外接支架，以便于外界管道的固定，这样不仅提升了系统的刚性，也增加了液压泵站的美观性。

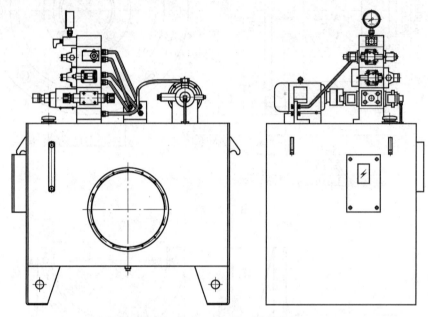

图 5-9　BEX-160 液压泵站总图

5.2　液压泵站的油箱设计

5.2.1 油箱的类型

油箱是组成液压泵站的重要组成部件，更是液压泵站设计中的关键部件。液压泵站油箱是储存液压系统工作所需的油液的装置，按油箱液面是否与大气相通，油箱可分为开式与闭式两种。油箱的主要作用是储存油液，此外还起着散热、沉淀杂质和使油液中的空气逸出等作用。开式油箱用于一般的液压系统中，而闭式油箱则用于水下和对工作稳定性、噪声有严格要求的液压系统中。

油箱的容积必须保证在设备停止运转时，系统中的油液在自重作用下能全部返回油箱。油箱的有效容积（液面高度为油箱高度 80% 时的容积）一般要大于液压泵每分钟流量的 3 倍（行走机械为 1.5 ~ 2 倍）。通常在低压系统中，油箱有效容积取为每分钟流量的 2 ~ 4 倍，中高压系统中为每分钟流量的 5 ~ 7 倍；若是高压闭式循环系统，其油箱的有效容积应由所需外循环油或补充油油量的多少而定；对于工作负载大，并长期连续工作的液压系统，油箱的容量需按液压系统的发热量来确定。

在液压系统中，油箱分为总体式和分离式两种。总体式油箱是将机器设备机身内腔作为油箱，如压铸机、注塑机等，其结构紧凑，回收漏油比较方便，但维修不便，散热条件也不好。分离式油箱设置有一个单独油箱，与主机分离，减少了油箱发热及液压源振动对工作精度的影响，因此应用普遍，特别是组合机床、自动线和精密机械设备，大多采用分离式油箱。

分离式油箱的结构如图 5-10 所示，图中，1 为吸油管，3 为回油管，中间有两个隔板 6 和 8，隔板 6 用作阻挡沉淀杂质进入吸油管，隔板 8 用作阻挡泡沫进入吸油管，杂质可以通过油箱底部的放油塞排出，空气滤清器 2 设置在回油管一侧的上部，兼有加油和通气的作用，5 为液位计。在清理油箱时，可以将油箱的箱盖打开。

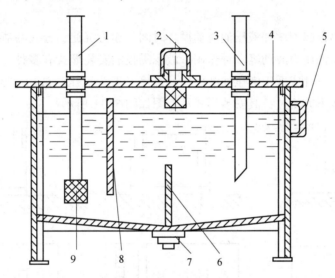

1—吸油管；2—空气滤清器；3—回油管；4—箱盖；5—液位计；6、8—隔板；7—放油塞；9—滤油器。

图 5-10　分离式油箱的结构

5.2.2　油箱有效容积的确定

油箱的有效容积应根据液压系统发热、散热平衡的原则来计算，但这只是在系统负载较大、长期连续工作时才进行，一般只要按液压泵的额定流量 q_p 估计即可。

在初步设计时，油箱的有效容积为

$$V = mq_p$$

式中：V 为油箱的有效容积，单位为 m^3；q_p 为液压泵的流量；m 为经验系数，低压系统中 $m = 2 \sim 4$，中压系统中 $m = 5 \sim 7$，中高压或高压系统中 $m = 6 \sim 12$。

5.2.3　油箱的结构设计

油箱的结构设计包括油箱箱体材料设计、吸油管和回油管位置设计、隔板设计以及液压油箱过滤网设计。

1）油箱箱体材料设计

油箱应有足够的刚度和强度，一般用 2.5 ~ 4 mm 的钢板或不锈钢板焊接而成。尺寸较大的油箱要加焊角钢、加强筋等以增加油箱的刚度。油箱上盖板若安装电动机、液压泵和其他液压元件，则上盖板不仅要适当加厚，还要采取措施局部加强。

2）吸油管和回油管位置设计

吸油管和回油管应相隔一定距离并用隔板隔开。吸油管入口处要安装粗过滤器，过滤器和回油管管端在油面最低时应没入油中，防止吸油时吸入空气和回油时回油冲入油箱时搅动油面，混入气泡。吸油管和回油管端宜斜切 45° 以增大通流面积，降低流速，回油管斜切口应面向箱壁。管端与箱底、箱壁间距离均应大于管径的 3 倍、过滤器距箱底不应小于 20 mm，泄油管管端亦可斜切，回油管的斜口应朝向箱壁，但不可没入油中。

3）隔板设计

液压油箱的隔板起着增加液压油流动循环时间、除去沉淀、分离并清除水和空气、调整温度和吸收液压油压力波动等多种作用。液压隔板的安装形式有多种，有的设计成高出液压油液面，有的设计成低于液压油液面，其高度一般为液压油液面高度的 2/3，可使液压油从隔板上方或下方流过，其安装形式示意图如图 5-11 所示。

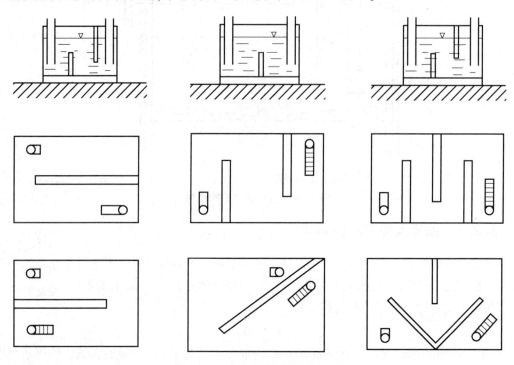

图 5-11 液压油箱隔板安装形式

4）液压油箱过滤网设计

液压油箱过滤网一般设计成将液压油箱内部一分为二的形式，这样就可以使吸油管和回油管隔离开，液压油也就可以实现一次过滤。液压油箱过滤网配置如图 5-12 所示。

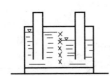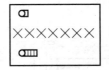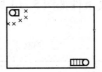

图 5-12　液压油箱过滤网配置

5.2.4　液压油箱的结构设计实例

液压油箱结构总图如图 5-13 所示。

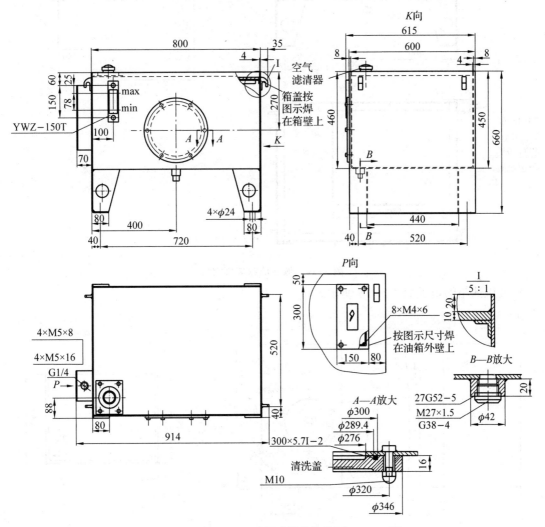

图 5-13　液压油箱结构总图

液压油箱焊接组件如图 5-14 所示。

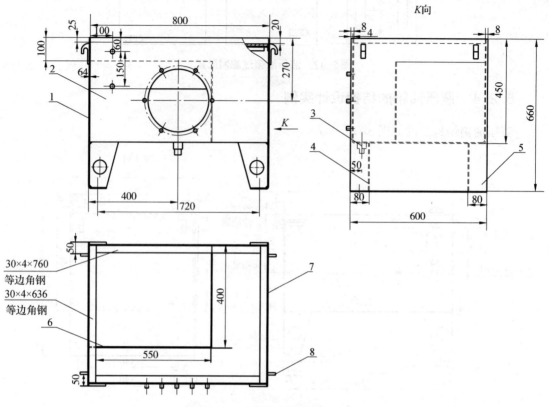

图 5-14　液压油箱焊接组件

液压油箱的箱板如图 5-15 所示。

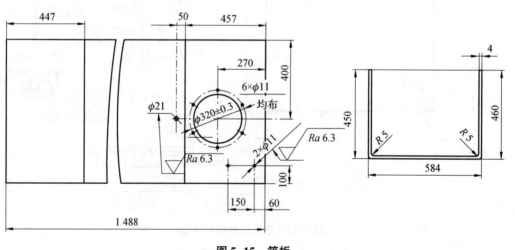

图 5-15　箱板

液压油箱的清洗孔端盖如图 5-16 所示。

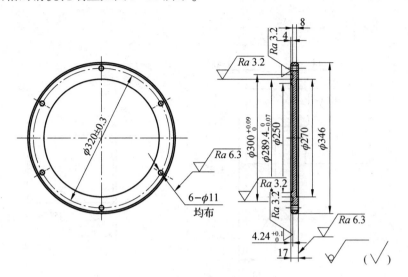

图 5-16　清洗孔端盖

液压油箱的侧板如图 5-17 所示，隔板如图 5-18 所示。

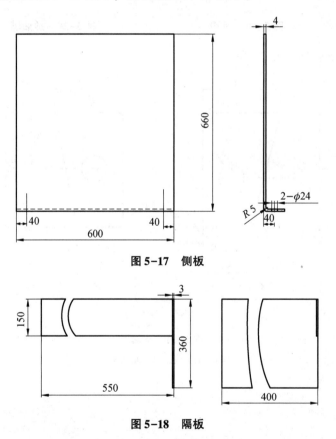

图 5-17　侧板

图 5-18　隔板

液压油箱的吊钩如图 5-19 所示，放油嘴如图 5-20 所示。

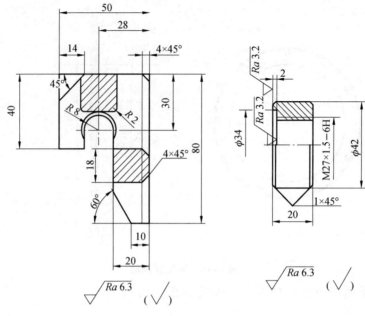

图 5-19　吊钩　　　　　　图 5-20　放油嘴

液压油箱的支脚如图 5-21 所示。

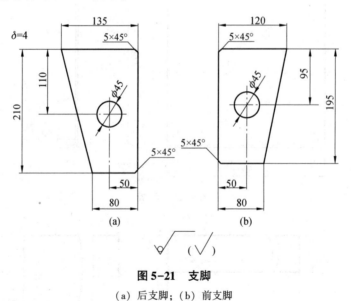

(a)　　　　　　　　(b)

图 5-21　支脚

（a）后支脚；（b）前支脚

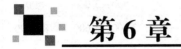

第6章
常用液压元件

6.1　液压泵和液压马达

6.1.1　齿轮泵和齿轮马达

1. 齿轮泵产品技术参数

齿轮泵产品技术参数总览如表6-1所示。

表6-1　齿轮泵产品技术参数总览

类别	型号	排量/(mL·r⁻¹)	压力/MPa		转速/(r·min⁻¹)		容积效率/%
			额定	最高	额定	最高	
外啮合（单级齿轮泵）	CB	32, 50, 100	10	12.5	1 450	1 650	≥90
	CBB	6, 10, 14	14	17.5	2 000	3 000	≥90
	CB-B	2.5~125	2.5	—	1 450	—	≥70~90
	CB-C	10~32	10	14	1 800	2 400	≥90
	CB-D	32~70					
	CB-E	70~210	10	12.5	1 800	2 400	≥90
	CB-FA	10~40	14	17.5	1 800	2 400	≥90
	CB-FC	10~40	16	20	2 000	3 000	≥90
	CB-L	40~200	16	20	2 000	2 500	≥90
	CB-Q	20~63	20	25	2 000	3 000	≥91~92
	CB-S	10~140	16	20	2 000	2 500	≥91~93
	CB-X	10~40	20	25	2 000	3 000	≥90
	G5	5~25	16~25	—	—	2 800~4 000	≥90

续表

类别	型号	排量/(mL·r⁻¹)	压力/MPa		转速/(r·min⁻¹)		容积效率/%
			额定	最高	额定	最高	
外啮合（单级齿轮泵）	GPCA	20～63	20～25	—	—	2 500～3 000	≥90
	G20	23～87	14～23	—	—	2 300～3 600	≥87～90
	GPC4	20～63	20～25	—	—	2 500～3 000	≥90
	G30	58～161	14～23	—	—	2 200～3 000	≥90
	BBXQ	12, 16	3, 5	6	1 500	2 000	≥90
	GPA	1.76～63.6	10	—	2 000～3 000	—	≥90
	CB-Y	10.18～100.7	20	25	2 500	3 000	≥90
	CB-HB	51.76～91.57	16	20	1 800	2 400	≥91～92
	CBF-E	10～140	16	20	2 500	3 000	≥90～95
	CBF-F	10～100	20	25	2 000	2 500	≥90～95
	CBQ-F5	20～63	20	25	2 500	3 000	≥92～96
	CBZ2	32～100.6	16～25	20～31.5	2 000	2 500	≥94
	GB300	6～14	14～16	17.5～20	2 000	3 000	≥90
	GBN-E	16～63	16	20	2 000	2 500	≥91～93
外啮合双联齿轮泵	CBG2	40.6/40.6～140.3/140.3	16	20	2 000	3 000	≥91
	CBG3	126.4/126.4～200.9/200.9	12.5～16	16～20	2 000	2 200	≥91
	CBL	40.6/40.6～200.9/200.9	16	20	2 000	2 500	≥90
	CBY	10.18/10.18～100.7/100.7	20	25	2 000	3 000	≥90
	CBQL	20/20～63/32	16～20	20～25	—	3 000	≥90
	CBZ	32.1/32.1～80/80～250	25	31.5	2 000	2 500	≥94
	CBF F	50/10～100/40	20	25	2 000	2 500	≥90～93
内啮合齿轮泵	NB	10～250	25	32	1 500～2 000	3 000	≥83
	BB-B	4～125	2.5	—	1 500	—	≥80～90

注：此表的部分齿轮泵其他参数见相关产品样本。

2. CB 型齿轮泵

1）型号说明

CB-※

① ②

①—齿轮泵；②—排量，单位为 mL·r^{-1}。

2）技术规格

CB 型齿轮泵技术规格如表6-2所示。

表6-2 CB型齿轮泵技术规格

产品型号	公称排量 /(mL·r^{-1})	压力/MPa		转速/(r·min^{-1})		容积效率 /%	驱动功率 /kW	质量 /kg
		额定	最高	额定	最高			
CB-32	31.8						8.7	6.4
CB-46（50）	48.1	10	12.5	1 450	1 650	≥90	13	7
CB-98（100）	98.1						27.1	18.3

3）外形尺寸

CB-32 型和 CB-46 型齿轮泵外形尺寸图如图 6-1 所示，CB-98 型齿轮泵的外形尺寸图如图 6-2 所示。

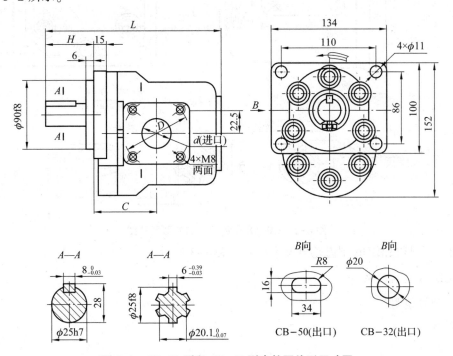

图6-1 CB-32型和CB-46型齿轮泵外形尺寸图

表 6-3　CB-32 型和 CB-46 型齿轮泵外形尺寸　　　　单位：mm

型号	L	H	C	D	d
CB-32	186	48	68.5	65	28
CB-46（50）	200	51	74	76	34

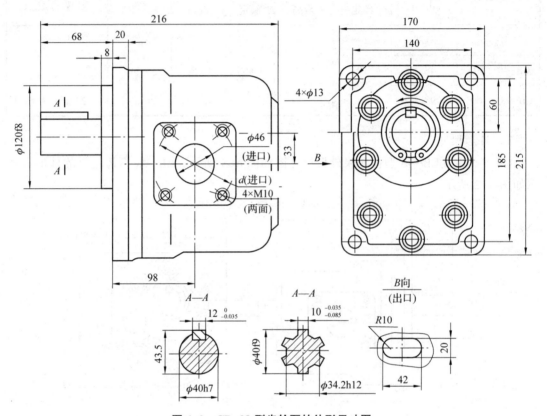

图 6-2　CB-98 型齿轮泵的外形尺寸图

CB-32 型和 CB-46 型齿轮泵外形尺寸如表 6-3 所示。

3. CB-B 型齿轮泵

1）型号说明

CB-B ※

① ② ③

①—齿轮泵；②—系列；③—排量，单位为 mL·r^{-1}。

2）技术规格

CB-B 型齿轮泵技术规格如表 6-4 所示。

表6-4　CB-B型齿轮泵技术规格

产品型号	排量 /(mL·r⁻¹)	额定压力/MPa	转速 /(r·min⁻¹)	容积效率/%	驱动功率/kW	质量/kg
CB-B2.5	2.5			≥70	0.13	2.5
CB-B4	4				0.21	2.8
CB-B6	6			≥80	0.31	3.2
CB-B10	10				0.51	3.5
CB-B16	16				0.82	5.2
CB-B20	20			≥90	1.02	5.4
CB-B25	25				1.3	5.5
CB-B32	32				1.65	6.0
CB-B40	40			≥94	2.1	10.5
CB-B50	50				2.6	11.0
CB-B63	63	2.5	1 450		3.3	11.8
CB-B80	80			≥95	4.1	17.6
CB-B100	100				5.1	18.7
CB-B125	125				6.5	19.5
CB-B200	200				10.1	
CB-B250	250				13	
CB-B300	300				15	
CB-B350	350				17	
CB-B375	375				18	
CB-B400	400			≥90	20	—
CB-B500	500				24	
CB-B600	600				29	
CB-B700	700				34	
CB-B800	800				37	
CB-B900	900				42	
CB-B1000	1 000				49	

3）外形尺寸

CB-B（2.5～125）型齿轮泵外形尺寸图如图6-3所示。

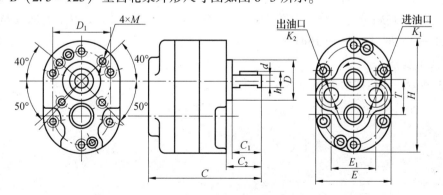

图6-3　CB-B（2.5～125）型齿轮泵外形尺寸图

CB-B（2.5~125）型齿轮泵外形尺寸如表6-5所示。

表6-5　CB-B（2.5~125）型齿轮泵外形尺寸　　　　单位：mm

型号	尺寸													螺纹代号	
	C	E	H	C_1	C_2	D	D_1	$d(f7)$	E_1	T	b	h	M	K_1	K_2
CB-B2.5	77														
CB-B4	84	65	95	25	30	35	50	12	35	30	4	13.5	M6	Rc3/8	Rc3/8
CB-B6	86														
CB-B10	94														
CB-B16	107														
CB-B20	111	86	128	30	35	50	65	16	50	42	5	17.8	M8	Rc3/4	Rc3/4
CB-B25	119														
CB-B32	121														
CB-B40	132														
CB-B50	138	100	152	35	40	55	80	22	55	52	6	27.2	M8	Rc3/4	Rc3/4
CB-B63	144														
CB-B80	158														
CB-B100	165	120	185	43	50	70	95	30	65	65	8	32.8	M8	Rc1¼	Rc1
CB-B125	174														

4. GM5型齿轮马达

1）型号说明

GM 5 ※ ※ ※ ※ ※ – 20 ※

① ② ③ ④ ⑤ ⑥ ⑦ ⑧ ⑨

①—齿轮马达；②—系列代号；③—尺寸：无——英制尺寸，a——公制尺寸；④—排量，单位为 $mL \cdot r^{-1}$；⑤—安装法兰：A-A型法兰（英制），B-B型法兰（公制）；⑥—轴伸形式：英制（13——平键，ISO 径节 16/32——花键），公制（1——平键，3——渐开线花键）；⑦—油口连接：F——法兰连接，R——螺纹连接；⑧—设计号；⑨—转向（从轴端方向看）：R——顺时针，L——逆时针。

2）技术规格

GM5型齿轮马达技术规格如表6-6所示。

表6-6　GM5型齿轮马达技术规格

型号	排量 /(mL · r⁻¹)	压力 /MPa	转速/(r · min⁻¹)		输出转矩 /(N · m)	油液过滤 精度/μm	容积效率 /%	质量 /kg
			最高	最低				
GM5-5	5.2	20	4 000	800	16.56			1.9
GM5-6	6.4	21	4 000	700	21.40			2.0
GM5-8	8.1	21	4 000	650	27.09			2.1
GM5-10	10.0	21	4 000	600	33.44	25	≥85	2.2
GM5-12	12.6	21	3 600	550	42.13			2.3
GM5-16	15.9	21	3 300	500	53.17			2.4
GM5-20	19.9	20	3 100	500	63.38			2.5
GM5-25	25.0	16	3 000	500	63.69			2.7

3）外形尺寸

GM5型齿轮马达外形尺寸图如图6-4所示。

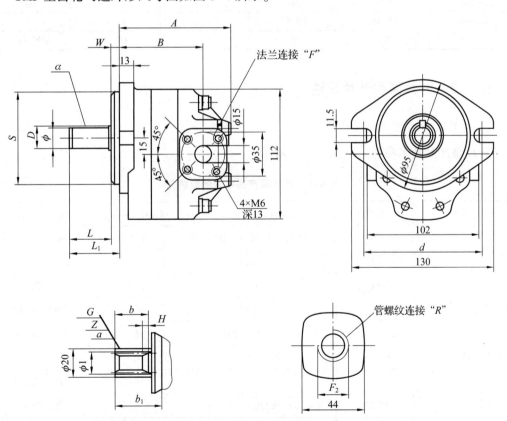

图6-4　GM5型齿轮马达外形尺寸图

GM5 型齿轮马达外形尺寸（1）如表 6-7 所示，GM5 型齿轮马达外形尺寸（2）如表 6-8 所示。

表 6-7　GM5 型齿轮马达外形尺寸（1）

型号	GM5-5	GM5-6	GM5-8	GM5-10	GM5-12	GM5-16	GM5-20	GM5-25
A/mm	84	86	88.5	91.5	95.5	100.5	106.5	114.5
B/mm	59	61	63.5	66.5	70.5	75.5	81.5	89.5

表 6-8　GM5 型齿轮马达外形尺寸（2）

型号	GM5	GM5a	型号	GM5	GM5a
S/mm	82.55	80	D/mm	21.1	22.5
d/mm	106.4	109	ϕ/mm	19.05	20
L/mm	36.6	36	b_1/mm	32	44
L_1/mm	44.5	44	G/mm	DP：16/32	m：1.5
a/mm	4.75×4.75×25.4	A6×32	Z/mm	9	12
H/mm	5.5	18	α	30°	30°
ϕ_1/mm	15.46	19.5	W/mm	6.5	7
b/mm	23.8	36	F_2	G1/2	M22×1.5

6.1.2　叶片泵和叶片马达

1. 叶片泵产品技术参数总览

叶片泵产品技术参数总览如表 6-9 所示。

表 6-9　叶片泵产品技术参数总览

类别	型号	排量/(mL·r⁻¹)	压力/MPa	转速/(r·min⁻¹)
定量叶片泵	YB1	2.5~100；2.5/2.5~100/100	6.3	960~1 450
	YB	6.4~194	7	1 000~1 500
	YB	10~114	10.5	1 500
	YB-D	6.3~100	10	600~2 000
	YB-E	6~80；10/32~50/100	16	600~1 500
	YB1-E	10~100	16	600~1 800
	YB2-E	10~200	16	600~2 000
	PV2R	6~23；76/26~116/237	14~16	750~1 800
	T6	10~214	24.5~28	600~1 800
	YZB	6~194	14	600~1 200
	YYB	6/6~194/113	7	600~2 000

续表

类别	型号	排量/(mL·r⁻¹)	压力/MPa	转速/(r·min⁻¹)
变量叶片泵	YBN	20；40	7	600～1 800
	YBX	16；25；40	6.3	600～1 500
	YBP	10～63	6.3～10	600～1 500
	YBP-E	20～125	16	1 000～1 500
	V4	20～50	16	1 450

注：此表的部分叶片泵其他参数见相关产品样本。

2. YB1 型叶片泵

1）型号说明

YB　1-※ ※ ※
①　　②③④⑤

①—叶片泵；②—改型号（系列）；③—设计代号；④—公称排量（双联泵：前泵/后泵），单位为 mL·r⁻¹；⑤—安装形式：省略——法兰，J——脚架。

2）技术规格

YB1 型叶片泵技术规格如表6-10 所示。

表6-10　YB1 型叶片泵技术规格

型号	排量/(mL·r⁻¹)	压力/MPa	转速/(r·min⁻¹)	容积效率/%	总效率/%	驱动功率/kW	质量/kg
YB1-2.5	2.5			70	42	0.6	
YB1-4	4		1 450	75	52	0.8	5
YB1-6	6.3			80	60	1.5	
YB1-10	10			84	65	—	
YB1-16	16			86	71	2.2	
YB1-20	20			87	74	—	9
YB1-25	25			88	75	4	
YB1-32	31.5	6.3			73	5	
YB1-40	40			90	75	6	16
YB1-50	50		960		78	7.5	
YB1-63	63				74	10	
YB1-80	80				80	12	22
YB1-100	100			91	80	13	
YB-125J	125					16	
YB-160J	160				82	21	—
YB 200J	200					26	

3）外形尺寸

YB1 型叶片泵外形尺寸图如图 6-5 所示，YB1 型双联叶片泵外形尺寸图如图 6-6 所示。

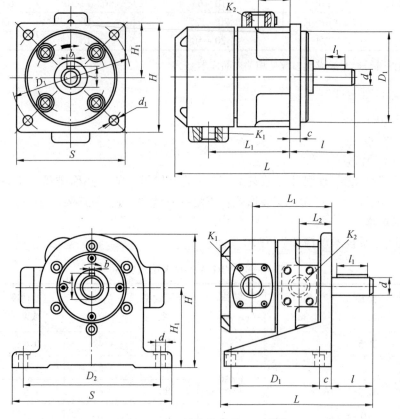

图 6-5　YB1 型叶片泵外形尺寸图

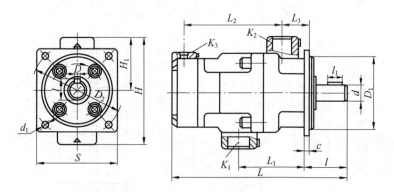

图 6-6　YB1 型双联叶片泵外形尺寸图

YB1 型叶片泵外形尺寸如表 6-11 所示，YB1 型双联叶片泵外形尺寸如表 6-12 所示。

表 6-11 **YB1 型叶片泵外形尺寸**　　　　　　　　单位：mm

型号	尺寸															螺纹代号	
	L	L_1	L_2	l	l_1	S	H	H_1	D_1	D_2	d	d_1	c	t	b	K_1	K_2
YB1-2.5																	
YB1-4	151	80.3	36	42	19	90	105	51.5	75h6	100	15d	9	6	17	5	Rc3/8	Rc1/4
YB1-6																	
YB1-10																	
YB1-12																	
YB1-16	184	97.8	38	49	19	110	142	71	90h6	128	20d	11	4	22	5	Rc1	Rc3/4
YB1-20																	
YB1-25																	
YB1-32																	
YB1-40	210	110	45	55	25	130	170	85	90h6	150	25d	13	5	28	8	Rc1	Rc1
YB1-50																	
YB1-63																	
YB1-80	225	118	49.5	55	30	150	200	100	90h6	175	30d	13	5	33	8	Rc1¼	Rc1
YBI 100																	
YB-125J																	
YB-160J	353	182	79.5	95	80	380	305	180	200	330	50d	22	25	52.8	12	Rc2	Rc1¼
YB-200J																	

单位：mm

表6-12 YB1型双联叶片泵外形尺寸

型号	尺寸																螺纹代号		
	L	L_1	L_2	L_3	l	l_1	S	H	H_1	D_1	D_2	d	d_1	c	t	b	K_1	K_2	K_3
YB-2.5-10/2.5-10	219.6	98.8	128.6	36	42	19	90	108	51.5	75h6	100	15h6	9	6	17	5	Rc3/4	Rc1/4	Rc1/4
YB-12-25/2.5-10	247.6	98.3	147.6	38	49	19	110	142	71	90h6	128	20h6	11	4	22	5	Rc1	Rc3/4	Rc1/4
YB-12-25/12-25	273	122.3	166.6	38	48.5	19	110	142	71	90h6	128	20h6	11	4	22	5	Rc1	Rc3/4	Rc3/4
YB-32-50/2.5-10	276	113.5	166.3	44	55	30	130	175	85	90h6	150	25h6	13	5	28	8	Rc1¼	Rc1	Rc1/4
YB-32-50/12-25	305	119.5	183.3	44	55	30	130	175	85	90h6	150	25h6	13	5	28	8	Rc1¼		Rc3/4
YB-32-50/32-50	316	139.5	191	44	55	30	130	175	85	90h6	150	25h6	13	5	28	8	Rc1¼	Rc1	Rc1
YB-63-100/2.5-10	296.1	132.8	178.6	49.5	55	30	150	212	100	90h6	175	30h6	13	5	33	8	Rc1¼	Rc1	Rc1/4
YB-63-100/12-25	320.3	132.3	198.6	49	55	30	150	212	100	90h6	175	30h6	13	5	33	8	Rc1½	Rc1	Rc3/4
YB-63-100/32-50	337	128.3	207.3	49	55	30	150	215	100	90h6	175	30h6	13	5	33	8	Rc1½	Rc1	Rc1
YB-63-100/63-100	348	158.3	218.6	49	55	30	150	215	100	90h6	175	30h6	13	5	33	8	Rc2	Rc1	Rc1
YB-125-200/12-25	458.6	182.3	79.5	341.6	95	80	380	305	180	200	330	50h6	22	25	52.8	12	Rc2	Rc1½	Rc1¾
YB-125-200/32-50	479.8	182.3	79.5	358.8	95	80	380	305	180	200	330	50h6	22	25	52.8	12	Rc2	Rc1½	Rc1¾

3. YBX 型限压式变量叶片泵

1）型号说明

YBX- ※ ※ ※（V3）

　①　②③④　⑤

①—限压式变量叶片泵；②—压力等级：省略——6.3 MPa，D——10 MPa；③—排量，单位为 mL·r⁻¹；④—安装方式：省略——法兰安装，B——板式安装，J——底脚安装；⑤—可与"V3"泵互换。

2）技术规格

YBX 型限压式变量叶片泵技术规格如表6-13所示。

表6-13　YBX 型限压式变量叶片泵技术规格

型号	排量/ (mL·r⁻¹)	压力/MPa		转速/(r·min⁻¹)		效率/%		驱动功率 /kW	质量 /kg
		额定	最高	额定	最高	容积	总效率		
YBX-16	16							3	10
YBX-16B									9
YBX-16J									—
YBX-25	25	6.3	7					4	19.5
YBX-25B									19
YBX-25J									—
YBX-40	40							7.5	22
YBX-40B									23
YBX-40J	63			1 450	1 800	88	72	9.8	55
YBX-D10（V3）	10	10	10					3	6.25
YBX-D20（V3）	20							5	11
YBX-D20（V3）									
YBX-D32（V3）	32							7	26
YBX-D32（V3）									
YBX-D50（V3）	50							10	30
YBX-D50（V3）									

3）外形尺寸

YBX-16J 型、YBX-25J 型限压式变量泵（底脚安装）外形图如图 6-7 所示，YBX-16 型、YBX-25 型限压式变量泵（法兰安装）外形图如图 6-8 所示。

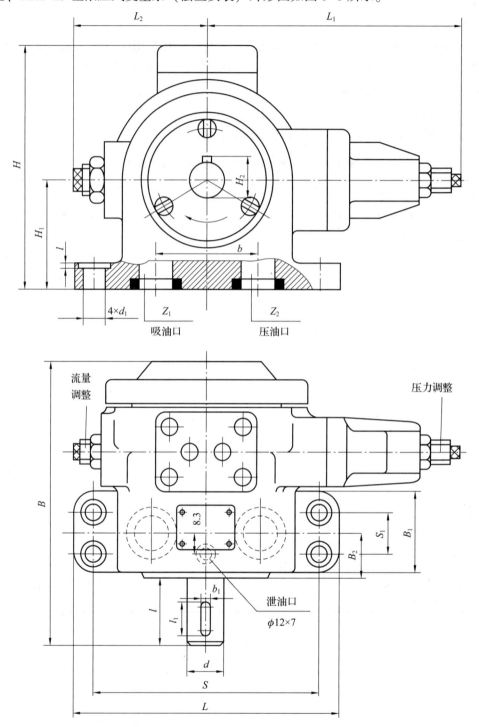

图 6-7　YBX-16J 型、YBX-25J 型限压式变量泵（底脚安装）外形图

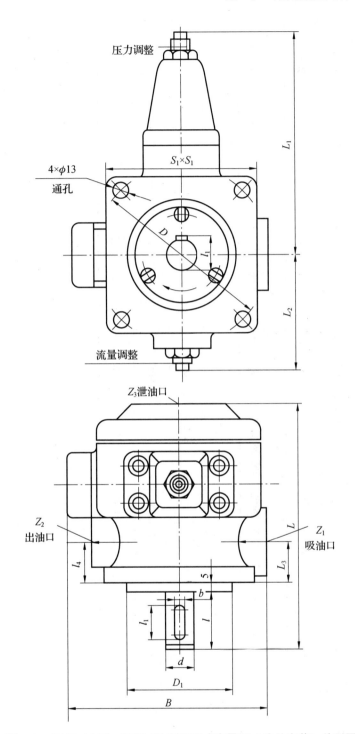

图 6-8 YBX-16 型、YBX-25 型限压式变量泵（法兰安装）外形图

　　YBX-16J 型、YBX-25J 型限压式变量泵（底脚安装）外形尺寸如表 6-14 所示，YBX-16 型、YBX-25 型限压式变量泵（法兰安装）外形尺寸如表 6-15 所示。

表 6-14　YBX-16J 型、YBX-25J 型限压式变量泵（底脚安装）外形尺寸

单位：mm

型号	尺寸																				
	L	L_1	L_2	l	l_1	B	B_1	B_2	B_3	H	H_1	H_2	d	d_1	b	b_1	S	S_1	Z_1	Z_2
YBX-16J	167	132	96	35	20	140	45	25	–	129	54	21.5D6	20d	11	25	4d4	120	25	30×20	30×18
YBX-25J	206	164	108	50	25	188	58	32	15	170	75	28D6	25d	13	38	8d4	160	30	35×25	30×20

表 6-15　YBX-16 型、YBX-25 型限压式变量泵（法兰安装）外形尺寸

单位：mm

型号	尺寸																			
	L	L_1	L_2	L_3	L_4	l	l_1	B	h	D	D_1	d	b	S_1	Z_1	Z_2	Z_3
YBX-16	165	132	105	29.5	25	35	20	135	21.5	127.3	90f7	20h6	4	118	M33×12	M27×2	M10×1
YBX-25	206	164	108	35	35	50	25	170	28	150	100f7	25h6	8	130	Rc1	Rc3/4	Rc1/8

4. YM 型中压叶片马达

1）型号说明

YM ※ – ※ ※ ※ ※ Y1

① ② ③④⑤⑥⑦

①—叶片型液压马达；②—A，B 系列；③—排量，单位为 mL·r⁻¹；④—压力分级
（B——2 ~ 8 MPa）；⑤—安装方式：F——法兰安装，J——脚架安装；⑥—连接形
式：L——螺纹连接，F——法兰连接；⑦—设计编号。

2）技术规格

YM 型中压叶片马达技术规格如表 6–16 所示。

表 6–16 YM 型中压叶片马达技术规格

型号	理论排量/ (mL·r⁻¹)	额定压力 /MPa	转速/(r·min⁻¹)		输出转矩 /(N·m)	质量/kg		油口尺寸	
			最高	最低		法兰安装	脚架安装	进口	出口
YM–A19B	16.3				9.7				
YM–A22B	19.0				12.3				
YM–A25B	21.7	6.3	2 000	100	14.3	9.8	107	Rc3/4	Rc3/4
YM–A28B	24.5				16.1				
YM–A32B	29.9				21.6				
YM–B67B	61.1	6.3	2 000	100	43.1	25.2	31.5	Rc1	Rc1
YM–B102B	93.6				66.9				

6.1.3 柱塞泵和柱塞马达

1. 柱塞泵产品技术参数总览

柱塞泵产品技术参数总览如表 6–17 所示。

表 6–17 柱塞泵产品技术参数总览

类别	型号	排量/ (mL·r⁻¹)	压力/MPa		转速/(r·min⁻¹)		变量形式
			额定	最高	额定	最高	
斜盘式轴向柱塞泵	2.5※CY14–1B	3.49	31.5	40	3 000	—	手动变量 恒功率变量 手动伺服变量 恒压变量 液控变量 电动变量 阀控恒功率变量 电液比例变量
	10※CY14–1B	10.5	31.5	46	1 500	3 000	
	25※CY14–1B	26.6	31.5	40	1 500	3 000	
	40※CY14–1B	40.0	25	31.5	1 500	3 000	
	63※CY14–1B	66.0	31.5	40	1 500	2 000	
	80※CY14–1B	84.9	25	31.5	500	2 000	
	160※CY14–1B	164.7	31.5	40	1 000	1 500	
	250※CY14–1B	254	31.5	40	1 000	1 500	

类别	型号	排量/(mL·r⁻¹)	压力/MPa		转速/(r·min⁻¹)		变量形式
			额定	最高	额定	最高	
斜盘式轴向柱塞泵	ZB※9.5	9.5	21	28	1 500	3 000	ZB（定量泵） ZBSV（手动伺服） ZBY（液控变量） ZBP（恒压变量） ZBN（恒功率变量）
	ZB※40	40				2 500	
	ZB※75	75				2 000	
	ZB※160	160				2 000	
	ZB※227	227				2 000	
斜轴式轴向柱塞泵	A2F	9.4~500	35	40	—	500	定量泵
	A6V	28.1~500	35	40	—	4 750	手动变量 液控变量 高压自动变量
	A7V	20~500	25	40	—	4 750	恒功率变量，恒压变量 液压控制变量，手动变量
	A2V	28.1~225	32	40		4 750	变量泵
径向柱塞泵	JB-G	57~121	25	31.5	1 000	1 500	—
	JB-H	17.6~35.5	31.5	40	1 000	1 500	
	BFWO1	26.6	20	—	1 500	—	

注：此表的部分柱塞泵其他参数见相关产品样本。

2. CY14-1B 型斜盘式轴向柱塞泵（马达）

1）型号说明

25　※　C　Y　14　-　1　B

①　②　③　④　⑤　⑥　⑦

①—规格：2.5 mL·r⁻¹，10 mL·r⁻¹，25 mL·r⁻¹，63 mL·r⁻¹，160 mL·r⁻¹，250 mL·r⁻¹；②—控制方式：C——手动伺服，D——电动，M——定量，Y——恒功率，S——手动，B——电液比例，P——恒压，Z——液控，Y1——阀控恒功率，L——液控零位对中，MY——高低压组合；③—压力级：C——32 MPa；④—类别：Y——泵，M——马达；⑤—结构形式：14——缸体转动的轴向柱塞泵（马达）；⑥—设计号：1——第一种结构代号；⑦—改进号：B——改进序号。

2）技术规格

CY14-1B 型斜盘式轴向柱塞泵技术规格如表 6-18 所示，表中公称流量和功率为 1 000 r·min⁻¹ 时的值。

表 6-18 CY14-1B 型斜盘式轴向柱塞泵技术规格

型号	公称压力/MPa	公称排量/(mL·r⁻¹)	额定转速/(r·min⁻¹)	公称流量/(L·min⁻¹)	功率/kW	最大理论转矩/(N·m)	质量/kg
2.5※CY14-1B		2.5	3 000	2.5	1.43		4.5~7.2
10※CY14-1B		10	1 500	10	5.5		16.1~24.9
25※CY14-1B		25	1 500	25	13.7		28.2~41
63※ CY14-1B	32	63	1 500	63	34.5	—	56~74
160※CY14-1B		160	1 000	160	89.1		138~168
250※CY14-1B		250	1 000	250	136.6		~227
400※CY14-1B	21	400	1 000	400	138		230

注："※"表示型号中除 B、Y 以外的所有控制方式。

3）外形尺寸

MCY14-1B 型轴向柱塞泵外形尺寸图如图 6-9 所示，CCY14-1B 型轴向柱塞泵外形尺寸图如图 6-10 所示，SCY14-1B 型轴向柱塞泵外形尺寸图如图 6-11 所示，MY/CY14-1B 型、YCY14-1B 型轴向柱塞泵外形尺寸图如图 6-12 所示。

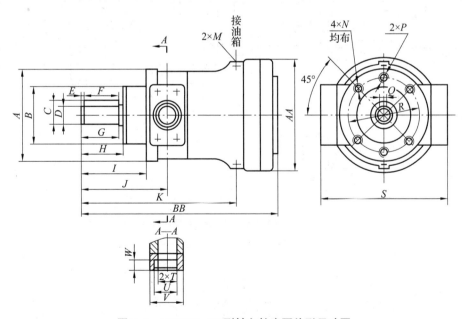

图 6-9 MCY14-1B 型轴向柱塞泵外形尺寸图

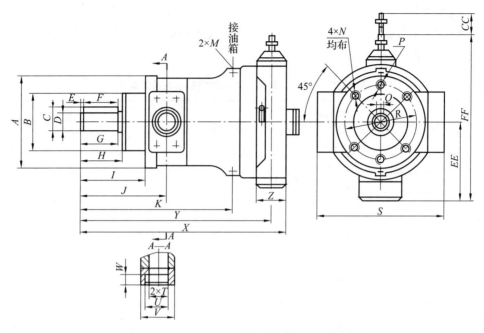

图 6-10　CCY14-1B 型轴向柱塞泵外形尺寸图

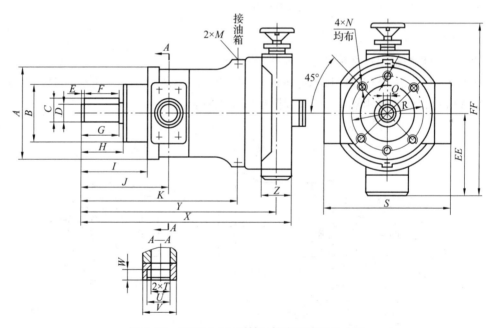

图 6-11　SCY14-1B 型轴向柱塞泵外形尺寸图

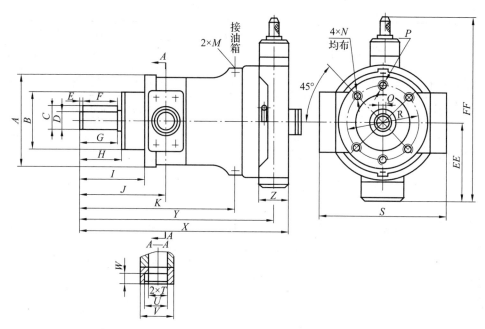

图 6-12　MY/CY14-1B 型、YCY14-1B 型轴向柱塞泵外形尺寸图

CY14-1B 型轴向柱塞泵外形尺寸如表 6-19 所示。

表 6-19　CY14-1B 型轴向柱塞泵外形尺寸　　　　　　　　单位：mm

尺寸	规格						
	2.5	10	25	63	160	250	400
A	79	125	150	190	240	280	280
B	52f9	75f9	100f9	120f9	150f9	180f9	180f9
C	15.8	27.5	32.5	42.8	58.5	63.9	63.9
D	14h6	25h6	30h6	40h6	55h6	60h6	60h6
E	3	4	4	4	4	5	5
F	20	30	45	50	100	100	100
G	25	40	52	60	108	110	110
H	26	41	54	62	110	110	110
I	62	86	104	122	178	212	212
J	77	109	134	157	228	272	277
K	119	194	246	300	420	502	502
M	M10×1-7H	M14×1.5-7H	M14×1.5-7H	M18×1.5-7H	M22×1.5-7H	M22×1.5-7H	M22×1.5-7H

尺寸	规格						
	2.5	10	25	63	160	250	400
N	M8-7H	M10-7H	M10-7H	M12-7H	M16-7H	M20-7H	M20-7H
P	—	—	—	—	M16-7H	M20-7H	M20-7H
Q	5h9	8h9	8h9	12h9	16h9	18h9	18h9
R	80	100	125	155	198	230	230
S	84	142	172	200	340	420	420
T	M18×1.5-7H 5-7H	M22×1.5-7H	M33×1.5-7H	M42×1.5-7H	50	55	65
U	—	—	—	—	64	76	76
V	—	—	—	—	90	110	110
W	—	—	—	—	25	25	25
X	—	294	362	439	589	690	700
Y	—	258	317	390	529	626	636
Z	—	50	66	74	100	100	100
AA	92	150	170	225	300	360	360
BB	171	253	308	385	525	622	622
CC	—	23.4	34	43.4	42.8	60	60
EE	—	98, 97	1 300, 102, 1 277	1 599, 1 300, 1 466	1 800, 1 677, 1 788	210, 2 033, 2 155	2 100, 2 033, 215
FF	—	2 311, 2 899	287, 2 633, 352	339, 306, 406	377, 405, 453	458, 465, 525	458, 465, 525
控制方式		C S Y	C S Y	C S Y	C S MY	S Y	C S Y

6.2 液压控制元件

6.2.1 压力控制元件

1. DB/DBW 型先导式溢流阀

1）型号意义

DB ※ ※ ※ ※ ※ ※-※-※/※ ※ ※ ※ ※ ※ ※ ※

    ① ② ③ ④ ⑤ ⑥ ⑦ ⑧ ⑨ ⑩ ⑪ ⑫ ⑬ ⑭ ⑮ ⑯

①—电磁阀标记：W——带电磁阀，无标记——不带电磁阀；②无标记——先导型溢

流阀，C（不标通径）——不带插入式主阀芯的溢流阀，C（标明通径 10 或 32）——带插入式主阀芯的溢流阀，T（不标通径）——先导阀作遥控阀；③—通径：8，10，16，20，25，32；④ A——常闭，B——常开；⑤—连接方式：G——管式，无标记——板式；⑥—调压方式：1——手柄，2——带保护罩的内六角螺栓，3——带锁手柄；⑦—系列号：30——30 系列（30~39 系列内部结构和连接尺寸不变）；⑧—压力级：100——调节压力 10 MPa，315——调节压力 31.5 MPa；⑨—控制形式图形符号；⑩U——主阀芯装置软弹簧，无标记——主阀芯装置硬弹簧；⑪—电源：W220-50——交流电源 220 V 50 Hz，G24——直流电源 24V；⑫N——带故障检查按钮，无标记——不带故障检查按钮；⑬—电线插头：Z4——小方形电线插头，Z5——大方形电线插头，Z5L——带指示灯的电线插头；⑭2——米制螺纹连接，无标记——英制螺纹连接；⑮V——磷酸酯液压油，无标记——矿物质液压油；⑯—附加说明。

2）技术规格

DB/DBW 型先导式溢流阀 3X 系列技术规格如表 6-20 所示。

表 6-20　DB/DBW 型先导式溢流阀 3X 系列技术规格

通径/mm		8	10	15	20	25	30
最大流量 /(L·min⁻¹)	管式	100	200	0	400	400	600
	板式		200	—	—	400	600
工作压力（A、B、X）/MPa		31.5					
背压/MPa	DB	31.5					
	DBW	6					
最小调节压力/MPa		与流量有关					
最大调节压力/MPa		10 或 31.5					
介质		矿物质液压油，磷酸酯液压油					
介质运动黏度/(m²·s⁻¹)		(2.8~380)×10⁻⁶					
介质温度/℃		-20~+70					

3）外形尺寸

DB/DBW 型先导式溢流阀 3X 系列管式连接外形尺寸图如图 6-13 所示。插入式、板式连接外形尺寸图见产品样本。

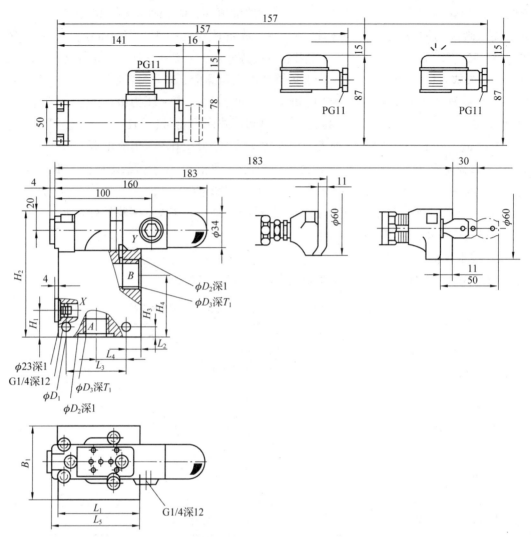

图 6-13　DB/DBW 型先导式溢流阀 3X 系列管式连接外形尺寸图

DB/DBW 型先导式溢流阀 3X 系列管式连接外形尺寸如表 6-21 所示。

表 6-21　DB/DBW 型先导式溢流阀 3X 系列管式连接外形尺寸

通径 /mm	B_1 /mm	D_1 /mm	D_2 /mm	D_3 米制	D_3 英制	H_1 /mm	H_2 /mm	H_3 /mm	H_4 /mm	L_1 /mm	L_2 /mm	L_3 /mm	L_4 /mm	L_5 /mm	T_1 /mm	质量/kg DB 型	质量/kg DBW 型
8			28	—	G3/8										12		
10			34	M22×1.5	G1/2				62						14		
15	63	9	42	M27×2	G3/4	27	125	10		85	14	62	31	90	16	4.8	5.9
20			47	M33×2	G1				57						18	4.6	5.7
25	70	11	56	M42×2	G1¼	42	138	13	66	100	18	72	36	99	20	5.6	6.7
32			61	M48×2	G1½										22	5.3	6.4

2. DA/DAW 型先导式卸荷阀

1）型号意义

DA ※ ※ ※-※-30/ ※ ※ ※ ※ ※ ※ ※ ※

   ①②③　④⑤　⑥⑦⑧⑨⑩⑪⑫

①—电磁阀标记：W——带电磁阀，无标记——不带电磁阀；②—通径：8，10，16，20，25，32；③A——常闭，B——常开；④—调压方式：1——手柄，2——带保护罩的内六角螺栓，3——带锁手柄；⑤—系列号：30——30 系列（30～39 系列内部结构和连接尺寸不变）；⑥—压力级：8——2～8 MPa，16——8～16 MPa，31.5——16～31.5 MPa；⑦—控制油的输入形式：Y——外控，无标记——内控；⑧—电源：W220-50——交流电源 220 V 50 Hz，G24——直流电源 24 V；⑨N——带故障检查按钮，无标记——不带故障检查按钮；⑩—电线插头：Z4——小方形电线插头，Z5——大方形电线插头，Z5L——带指示灯的电线插头；⑪V——磷酸酯液压油，无标记——矿物质液压油；⑫—附加说明。

2）技术规格

DA/DAW 型先导式卸荷阀技术规格见表 6-22。

表 6-22　DA/DAW 型先导式卸荷阀技术规格

通径/mm		10	25	32
介质		矿物质液压油，磷酸酯液压油		
最大流量/(L·min⁻¹)		40	100	250
切换压力范围（从 O 到 A）		17% 以内		
输入压力 A 口（P 到 O 卸荷）		31.5 MPa		
质量/kg	DA 型	3.8	7.7	13.4
	DAW 型	4.9	8.8	15.5
电磁阀		WE5 电磁阀		
介质运动黏度/(mm²·s⁻¹)		2.8～380		
介质温度/℃		-20～+70		

3）外形尺寸

DA/DAW20 型先导式卸荷阀（板式）外形尺寸图如图 6-14 所示，DA/DAW30 型先导式卸荷阀（板式）外形尺寸图如图 6-15 所示。

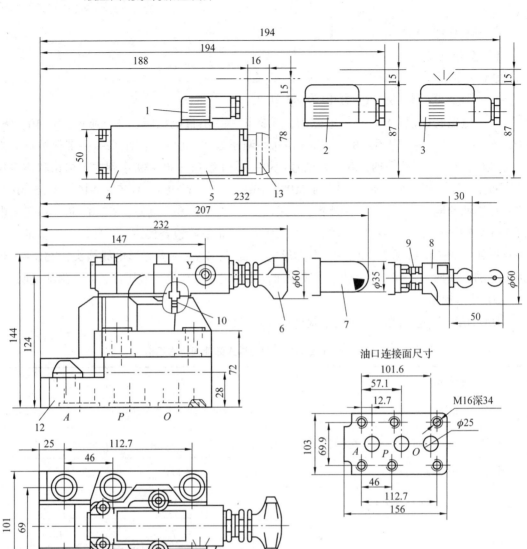

1—Z4 插头；2—Z5 插头；3—Z5L 插头；4—电磁阀；5—电磁铁 a；6—调节方式 "1"；

7—调节方式 "2"；8—调节方式 "3"；9—调节刻度套；10—螺塞（控制油内泄时没有此零件）；

11—外泄口；12—单向阀；13—故障检查按钮。

图6-14 DA/DAW20 型先导式卸荷阀（板式）外形尺寸图

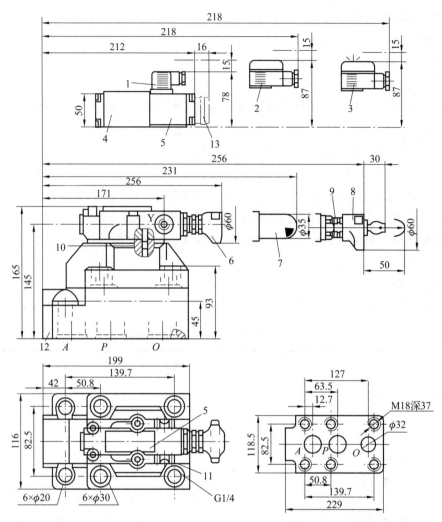

1—Z4 插头；2—Z5 插头；3—Z5L 插头；4—电磁阀；5—电磁铁 a；6—调节方式 "1"；

7—调节方式 "2"；8—调节方式 "3"；9—调节刻度套；10—螺塞（控制油内泄时没有此零件）；

11—外泄口；12—单向阀；13—故障检查按钮。

图 6-15　DA/DAW30 型先导式卸荷阀（板式）外形尺寸图

连接底板型号如表 6-23 所示。

表 6-23　连接底板型号

通径/mm	10	25	32
底板型号	G467/1	G469/1	G471/1
	G468/1	G470/1	G472/1

3. DR 型先导式减压阀

1）型号意义

※ ※ －※ ※ ※/※ Y ※ ※ ※
① ②　③④⑤⑥　　⑦⑧⑨

①—基本型号：DR——先导式减压阀，DRC（不注明通径）——先导阀不带主阀芯插装件，DRC（注明通径）——先导阀带主阀芯插装件；②—通径：管式有 10、15、20、25、32，板式有 10、20、32；③—连接方式：G—管式，无标记—板式；④—调压方式：1——手柄，2——带保护罩的内六角螺栓，3——带锁手柄；⑤—系列号：30——30 系列（30 ~ 39 系列内部结构和连接尺寸不变），50——50 系列；⑥—压力等级：100——调节压力 10 MPa，315——调节压力 31.5 MPa；⑦—是否带单向阀：M——不带单向阀，无标记——带单向阀（只用于板式连接）；⑧—介质：V——磷酸酯液压油，无标记——矿物质液压油；⑨—附加说明。

2）技术规格

DR 型先导式减压阀技术规格如表 6-24 所示。

表 6-24　DR 型先导式减压阀技术规格

通径/mm		8	10	15	20	25	32
流量/（L·min⁻¹）	板式	—	80	—	—	200	300
	管式	80	80	200	200	200	300
工作压力/MPa		10 或 31.5					
进口压力（B 口）/MPa		31.5					
出口压力（A 口）/MPa		0.3 ~ 31.5	1 ~ 31.5				
背压（Y 口）/ MPa		31.5					
介质		矿物质液压油；磷酸酯液压油					
介质运动黏度/（m²·s⁻¹）		(2.8 ~ 380) ×10⁻⁶					
介质温度/℃		−20 ~ +70					

3）外形尺寸

30 系列 DR 型先导式减压阀外形尺寸图如图 6-16 所示。

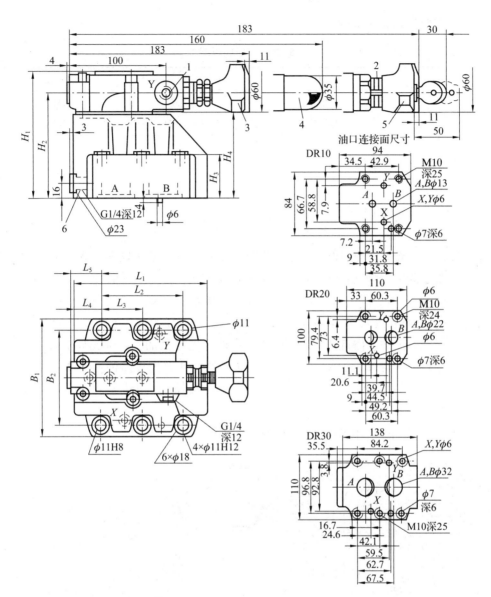

1—油口 Y（可选作外泄或遥控）；2—调节刻度；3—压力调节装置"1"；
4—压力调节装置"2"；5—压力调节装置"3"；6—压力表接口。

图6-16　30系列DR型先导式减压阀外形尺寸图

30系列DR型先导式减压阀外形尺寸如表6-25所示。

表6-25　30系列DR型先导式减压阀外形尺寸

通径	尺寸/mm											O形圈/mm		质量
/mm	B_1	B_2	H_1	H_2	H_3	H_4	L_1	L_2	L_3	L_4	L_5	用于 X、Y 口	用于 A、B 口	/kg
10	85	66.7	112	92	28	72	90	42.9	—	35.5	34.5	9.25×1.78	17.12×2.62	3.6
25	102	79.4	122	102	38	82	112	60.3	—	33.5	37	9.25×1.78	28.17×3.53	5.5
32	120	96.8	130	110	46	90	140	84.2	42.1	28	31.3	9.25×1.78	34.52×3.53	8.2

连接底板型号如表 6-26 所示。

表 6-26 连接底板型号

通径/mm	10	20	32
底板型号	G460/01	G412/01	G414/01
	G461/01	G413/01	G415/01

4. DZ 型先导式顺序阀

1）型号意义

DZ※ ※ ※ – 30/210 ※ ※ ※ ※

① ② ③ ④ ⑤ ⑥ ⑦ ⑧ ⑨

①无标记——先导式顺序阀，C（不注明通径）——不带主阀芯的先导阀，C（注明通径）——带主阀的先导阀；②—通径；③—调压方式：1——手柄，2——带保护罩的内六角螺栓，3——带锁手柄；④—系列号：10——10 系列（规格 5），50——50 系列（规格 6），40——40 系列（规格 10）；⑤—最高设定压力：21 MPa；⑥—供、泄油方式：无标记——内部先导供油、内部先导泄油，X——外部先导供油、内部先导泄油，Y——内部先导供油、外部先导泄油，XY——外部先导供油、外部先导泄油；⑦M——不带单向阀，无标记——带单向阀；⑧—介质：V——磷酸酯液压油，无标记——矿物质液压油；⑨—附加说明。

DZ 型先导式顺序阀结构图如图 6-17 所示。

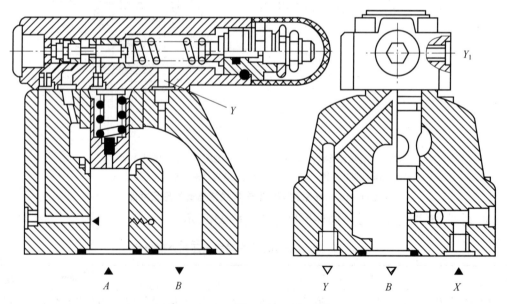

图 6-17　DZ 型先导式顺序阀结构图

2）技术规格

DZ 型先导式顺序阀技术规格如表 6-27 所示。

表 6-27 DZ 型先导式顺序阀技术规格

通径/mm	10	20	30
流量/(L·min⁻¹)	150	300	450
工作压力 A、B、X 口/MPa	31.5		
Y 口背压/MPa	31.5		
顺序阀动作压力（调节压力）/MPa	0.3～21		
介质	矿物质液压油，磷酸酯液压油		
介质运动黏度/(m²·s⁻¹)	(2.8～380)×10⁻⁶		
介质温度/℃	−20～+70		

3）外形尺寸

DZ 型先导式顺序阀（板式）外形尺寸图如图 6-18 所示，另有插入式连接外形尺寸图见产品样本。

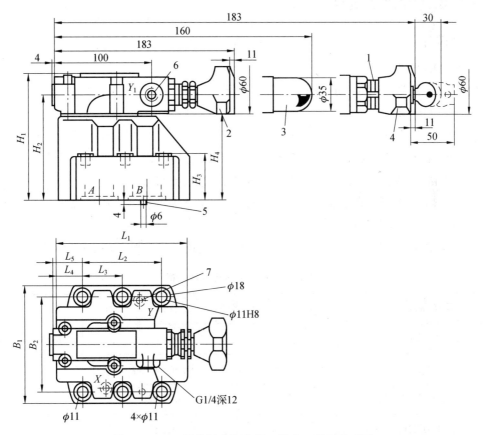

图 6-18 DZ 型先导式顺序阀（板式）外形尺寸图

DZ 型先导式顺序阀（板式）外形尺寸如表 6-28 所示，连接底板型号如表 6-29 所示。

表 6-28 **DZ 型先导式顺序阀（板式）外形尺寸**

通径 /mm	尺寸/mm											O 形圈/mm		质量 /kg
	B_1	B_2	H_1	H_2	H_3	H_4	L_1	L_2	L_3	L_4	L_5	$(X、Y 口)$	$(A、B 口)$	
10	85	66.7	112	92	28	72	90	42.9	—	35.5	34.5	9.25×1.78	17.12×2.62	3.6
25	102	79.4	122	102	38	82	112	60.3	—	33.5	37	9.25×1.78	28.17×3.53	5.5
32	120	96.8	130	110	46	90	140	84.2	42.1	28	31.3	9.25×1.78	34.52×3.53	8.2

表 6-29 **连接底板型号**

通径/mm	10	20	32
底板型号	G460/1	G412/1	G414/1
	G461/1	G413/1	G415/1

6.2.2 方向控制元件

1. 单向阀

1）S 型单向阀

（1）型号意义。S 型单向阀的型号意义如下。

S ※ ※ ※ ※ ※

① ② ③ ④ ⑤ ⑥

①—单向阀；②—通径：管式有 6、8、10、12、15、20、25、30，板式有 10、20、30；③—连接形式：A——管式，P——板式；④—开启压力：0——无弹簧，1——0.05 MPa，2——0.15 MPa，3——0.3 MPa，5——0.5 MPa；⑤—连接螺纹：（仅 A 型）1——英制，2——米制；⑥—附加说明

（2）技术规格。当流速为 6 m/s 时，S 型单向阀技术规格如表 6-30 所示。

表 6-30 **S 型单向阀技术规格**

通径/mm	6	8	10	15	20	25	30
流量/$(L \cdot min^{-1})$	10	18	30	65	115	175	260
介质	矿物质液压油，磷酸酯液压油						
介质温度/℃	-30 ~ +80						
工作压力/MPa	31.5						
介质运动黏度/$(m^2 \cdot s^{-1})$	$(2.8 \sim 380) \times 10^{-6}$						

（3）外形尺寸。S 型单向阀（管式）外形尺寸图如 6-19 所示，S 型单向阀（板式）外形尺寸图如图 6-20 所示。

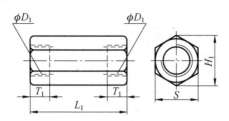

图 6-19　S 型单向阀（管式）外形尺寸图

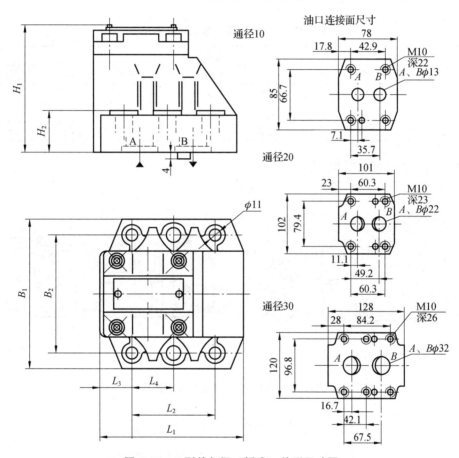

图 6-20　S 型单向阀（板式）外形尺寸图

S 型单向阀（管式）外形尺寸如表 6-31 所示，S 型单向阀（板式）外形尺寸如表 6-32 所示。

表 6-31 S 型单向阀 （管式） 外形尺寸

通径/mm		6	8	10	15	20	25	30
D_1	英制	G1/4	G3/8	G1/2	G3/4	G1	G1/4	G1/2
	米制	M14×1.5	M18×1.5	M22×1.5	M27×2	M33×2	M42×2	M48×2
H_1/mm		22	28	34.5	41.5	53	69	75
L_1/mm		58	58	72	85	98	120	132
T_1/mm		12	12	14	16	18	20	22
S/mm		19	24	30	36	46	60	65
质量 /kg		0.1	0.2	0.3	0.5	1	2	2.5

表 6-32 S 型单向阀 （板式） 外形尺寸

通径/mm	尺寸/mm								
	B_1	B_2	L_1	L_2	L_3	L_4	H_1	H_2	阀固定螺钉
10	85	66.7	78	42.9	17.8	—	66	21	4×M10
20	102	79.4	101	60.3	23	—	93.5	31.5	4×M10
30	120	96.8	128	84.2	28	42.1	160.5	46	4×M10

2） SV/SL 型液控单向阀

SV/SL 型液控单向阀结构如图 6-21 所示。

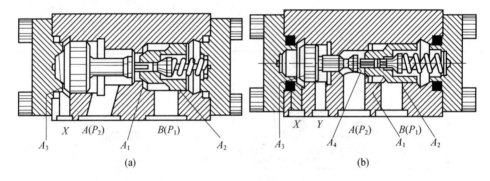

（a） （b）

图 6-21 SV/SL 型液控单向阀结构

（a） SV 型； （b） SL 型

SV/SL 型液控单向阀各型号阀的压力作用面面积见表 6-33。

表 6-33 SV/SL 型液控单向阀的压力作用面面积

阀型号	面积/cm²			
	A_1	A_2	A_3	A_4
SV10、SL10	1.13	0.28	3.15	0.50
SV15、SV20、SL15、SL20	3.14	0.78	9.62	1.13
SV25、SV30、SL25、SL30	5.30	1.33	15.9	1.54

（1）型号意义。SV/SL 型液控单向阀的型号意义如下。

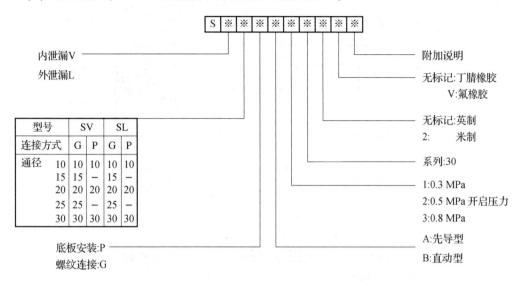

（2）技术规格。SV/SL 型液控单向阀技术规格如表6-34 所示。

表6-34　SV/SL 型液控单向阀技术规格

阀型号	SV10	SL10	SV15&20	SL15&20	SV25&30	SV25&30
X 口控制容积/cm³	2.2		8.7		17.5	
Y 口控制容积/cm³	—	1.9	—	7.7	—	15.8
液流方向	A 至 B 自由流通，B 至 A 自由流通（先导控制时）					
工作压力/MPa	31.5					
控制压力/MPa	0.5～31.5					
介质	矿物质液压油，磷酸酯液压油					
介质温度/℃	−30～+70					
介质运动黏度（mm² · s⁻¹）	2.8～380					
质量/kg	2.5		4.0	4.5	8.0	

（3）外形尺寸。SV/SL 型液控单向阀外形尺寸图（螺纹连接）如图6-22 所示。

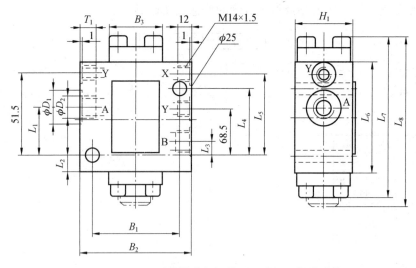

图 6-22　SV/SL 型液控单向阀外形尺寸图（螺纹连接）

SV/SL 型液控单向阀外形尺寸（螺纹连接）如表 6-35 所示。

表 6-35　SV/SL 型液控单向阀外形尺寸（螺纹连接）　　　　　　　　　单位：mm

阀型号		尺寸														
		B_1	B_2	B_3	D_1	D_2	H_1	L_1	L_2	L_3	L_4	L_5	L_6	L_7	L_8	T_1
SV	10	66.5	85	40	34	M22×1.5	42	27.5	18.5	10.5	33.5	49	80	116	116	14
	15	79.5	100	55	42	M27×1.5	57	36.7	17.3	13.3	50.5	67.5	95	135	146	16
	20	79.5	100	55	47	M33×1.5	57	36.7	17.3	13.3	50.5	67.5	95	135	146	18
	25	97	120	70	58	M42×1.5	75	54.5	15.5	20.5	73.5	89.5	115	173	179	20
	30	97	120	70	65	M48×1.5	75	54.5	15.5	20.5	73.5	89.5	115	173	179	22
SL	10	66.5	85	40	34	M22×1.5	42	22.5	18.5	10.5	33.5	49	80	116	116	14
	15	79.5	100	55	42	M27×1.5	57	30.5	17.5	13	50.5	72.5	100	140	151	16
	20	79.5	100	55	47	M33×1.5	57	30.5	17.5	13	50.5	72.5	100	140	151	18
	25	97	120	70	58	M42×1.5	75	54.5	15.5	20.5	84	99.5	125	183	189	20
	30	97	120	70	65	M48×1.5	75	54.5	15.5	20.5	84	99.5	125	183	189	22

注：1. 尺寸 L_7 只适用于开启压力为 0.3 MPa 和 0.5 MPa 的阀；

　　2. 尺寸 L_8 只适用于开启压力为 0.8 MPa 的阀。

2. 电磁换向阀

1）WE6 型电磁换向阀

（1）型号意义。WE6 型电磁换向阀的型号意义如下。

※ | WE6 | ※ | 50 | ※ ※ ※ ※ ※ ※ ※ ※

二位三通:3
二位四通、三位四通:4

附加说明

无标记:矿物质液压油
V:磷酸酯液压油

无标记:无插入式阻尼器
B08:阻尼器φ0.8 mm
B10:阻尼器φ1.0 mm
B12:阻尼器φ1.2 mm

电气连接形式

无标记:无故障检查按钮
N:带故障检查按钮

G24: 直流电24 V
W220−50: 交流电220 V 50 Hz

W110R:直流电磁铁使用Z5型插头
W220R连接交流电磁110、200 V

A: 标准电磁铁
B: 大功率电磁铁

O: 不带复位弹簧
OF: 不带复位弹簧,带定位器
无标记: 标准型复位弹簧

50:50系列
(50~59系列内部结构与连接尺寸相同)

A B ... =A
=C
=D

=B
=Y

b/O
b/OF

=A−/−
=C−/−
=D−/−

=E | =EA | =EB
=F | =FA | =FB
=G | =GA | =GB
=H | =HA | =HB
=J | =JA | =JB
=L | =LA | =LB
=M | =MA | =MB
=P | =PA | =PB
=Q | =QA | =QB
=R | =RA | =RB
=T | =TA | =TB
=U | =UA | =UB
=V | =VA | =VB
=W | =WA | =WB

（2）技术规格。WE6 型湿式电磁换向阀技术规格（液压部分）如表 6-36 所示，WE6 型湿式电磁换向阀技术规格（电气部分）如表 6-37 所示。

表 6-36　WE6 型湿式电磁换向阀技术规格（液压部分）

电磁铁		标准电磁铁 A	大功率电磁铁 B
工作压力/MPa	A、B、P 腔	31.5	35
	O 腔	16（直流），10（交流）	16
流量/（L·min⁻¹）		60	80（直流），60（交流）
流量截面（中位时）		Q 型机能为额定截面积的 6%，W 型机能为额定截面积的 3%	
介质		矿物质液压油，磷酸酯液压油	
介质温度/℃		−30 ~ +70	
介质运动黏度/（m²·s⁻¹）		(2.8 ~ 380) ×10⁻⁶	
质量/kg	单电磁铁	1.2	1.35
	双电磁铁	1.6	1.9

注：如果工作压力超过 O 腔所允许的压力，则 A 和 B 型机能阀的 O 腔必须作泄油口使用。

表 6-37　WE6 型湿式电磁换向阀技术规格（电气部分）

电磁铁	标准电磁铁 A		大功率电磁铁 B	
	直流	交流	直流	交流
适用电压/V	12，24，110	110，220（50 Hz）	12，24，110	110，220（50 Hz）
消耗功率/W	26	—	30	—
吸合功率/VA	—	46	—	35
接通功率/VA	—	130	—	220
工作状态	连续	连续	连续	连续
接通时间/ms	20 ~ 45	10 ~ 25	20 ~ 45	10 ~ 20
断开时间/ms	10 ~ 25	10 ~ 25	10 ~ 25	15 ~ 40
环境温度/℃	+50			
线圈温度/℃	+150			
切换频率/h⁻¹	15 000	7 200	15 000	7 200
保护装置	—	符合 DIN40050　IP65	—	—

（3）外形尺寸。WE6 型电磁换向阀外形尺寸图如图 6-23 所示。

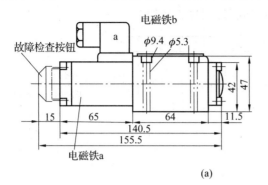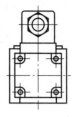

（a）

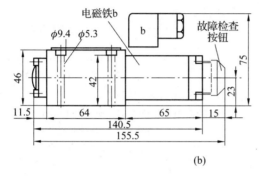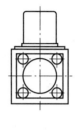

（b）

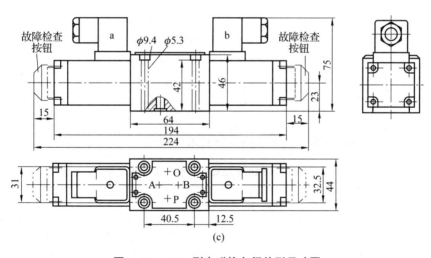

（c）

图 6-23　WE6 型电磁换向阀外形尺寸图

（a）用一个电磁铁 a 的二位阀；（b）用一个电磁铁 b 的二位阀；

（c）用 a、b 两个电磁铁的二位阀（或三位阀）

2） WE10 型电磁换向阀

（1） 型号意义。WE10 型电磁换向阀的型号意义如下。

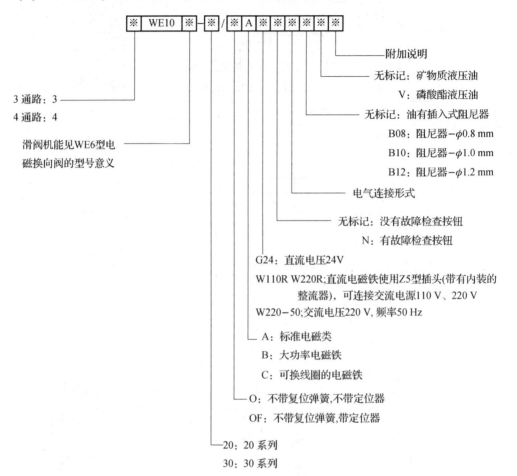

（2） 技术规格。WE10 型湿式电磁换向阀技术规格如表 6-38 所示。

表 6-38　WE10 型湿式电磁换向阀技术规格

工作压力（A、B、P 腔）/MPa		31.5
工作压力（O 腔）/MPa		16（直流），10（交流）
流量/（L·min⁻¹）		最大 100
过流截面（中位时）	Q 型机能	W 型机能
	额定截面积的 6%	额定截面积的 3%
介质		矿物质液压油，磷酸酯液压油

续表

	介质温度/℃	−30 ~ +70	
	介质运动黏度/(m² · s⁻¹)	(2.8 ~ 380) ×10⁻⁶	
质量/kg	1 个电磁铁的阀	4.7（直流），4.2（交流）	
	2 个电磁铁的阀	6.6（直流），5.6（交流）	
	连接板	G66/01 约 2.3，G67/01 约 2.3，G534/01 约 2.5	
	供电	直流电	交流电
	供电电压/V	12，24，42，64，96，110，180，195，220	42，127，220（50 Hz），220（60 Hz）
	消耗功率/W	35	—
	吸合功率/VA	—	65
	接通功率/VA	—	480
	运行状态	连续	
	接通时间/ms	50 ~ 60	15 ~ 25
	断开时间/ms	50 ~ 70	40 ~ 60
	环境温度/℃	+50	
	线圈温度/℃	+150	
	动作频率/h⁻¹	15 000	7 200

注：如果工作压力超过 O 腔所允许的压力，则 A 和 B 型机能阀的 O 腔必须作泄油腔使用。

（3）外形尺寸。WE10-X-30 型电磁换向阀外形尺寸图如图 6-24 所示。

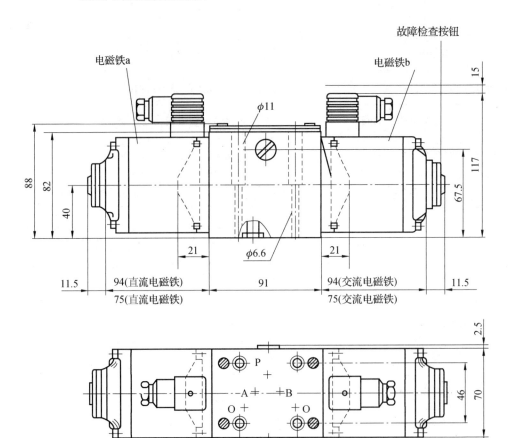

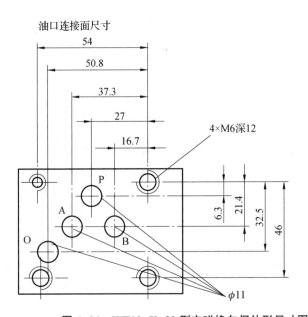

图 6-24　WE10-X-30 型电磁换向阀外形尺寸图

连接底板型号：G66/01、G67/01、G534/01。

3. WEH（WH）型电液换向阀（液控换向阀）

1）型号意义

WEH（WH）型电液换向阀（液控换向阀）的型号意义如下。

※ W ※ H ※※ ※ 50/ ※ 6A ※ ※ ※ ※ /※ 　※ ※ ※ ※ ※ ※

① 　② 　③④⑤⑥ 　⑦ 　⑧⑨⑩⑪ 　⑫ 　⑬⑭⑮⑯⑰⑱

①—工作压力：H——35MPa，无标记——28 MPa；

②—基本类型：WEH——电液阀，WH——液控阀；

③—通径：10，16，25，32；

④—主阀弹簧复位或对中，无标记，H——主阀液压复位或对中；

⑤—滑阀机能符号；

⑥—系列号：20——30 系列（NG 10），50——50 系列（NG 16，25，32），压力级：8——2～8MPa，16——8～16 MPa，31.5——16～31.5 MPa；

⑦—（导阀是双电磁铁二位阀，主阀是液压复位时）导阀的复位形式：O——无复位弹簧，OF——无复位弹簧，带定位器（O，OF 不适用于 Y 机能）；

⑧—电源：W220-50——交流电源 220 V 50 Hz，G24——直流电源 24 V，W220-R——交流电源 220 V 60 Hz，使用 Z5 插头；

⑨N——带手动按钮，无标记——不带手动按钮；

⑩—控制油的供排形式：无标记——外控外排，E——内控外排，T——外控内排，ET——内控内排；

⑪—无标记——没有换向时间调节器，S——进口节流，S_2——出口节流；

⑫—电器连接形式；⑬—附加装置说明；

⑭—阻尼器代号：无标记——不带插入式阻尼器，B08——阻尼器孔径为 $\phi0.8$ mm，B10——阻尼器孔径为 $\phi1.0$ mm，B12——阻尼器孔径为 $\phi1.2$ mm，B15——阻尼器孔径为 $\phi1.5$ mm；

⑮—无标记——不带预压阀，P0.45—带预压阀，开启压力为 0.45 MPa；

⑯—无标记——不带定比减压阀，D1——带定比减压阀（减压比 1∶0.66）；

⑰—V——磷酸酯液压油，无标记——矿物质液压油；⑱—附加说明。

2）外形尺寸

WEH10 型电液换向阀外形尺寸图如图 6-25 所示，WEH16 型电液换向阀外形尺寸图如图 6-26 所示，WEH25 型电液换向阀外形尺寸图如图 6-27 所示，WEH32 型电液换向阀外形尺寸如图 6-28 所示。

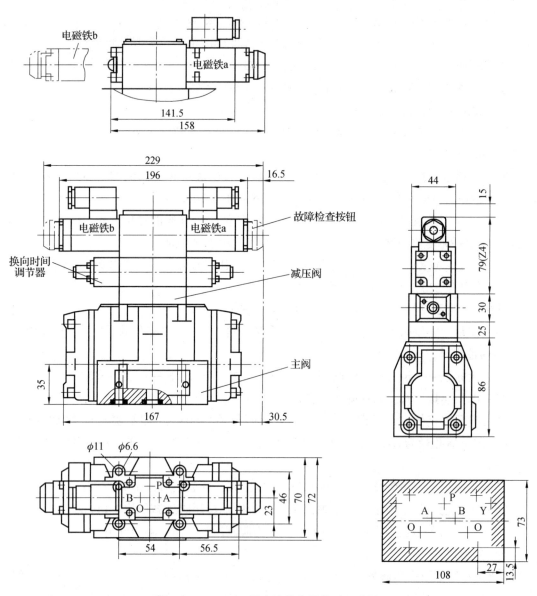

图6-25 WEH10型电液换向阀外形尺寸图

WEH10型电液换向阀的连接底板型号：G535/01（G3/4）、G535/01（G3/4）、G536/01（G1）。

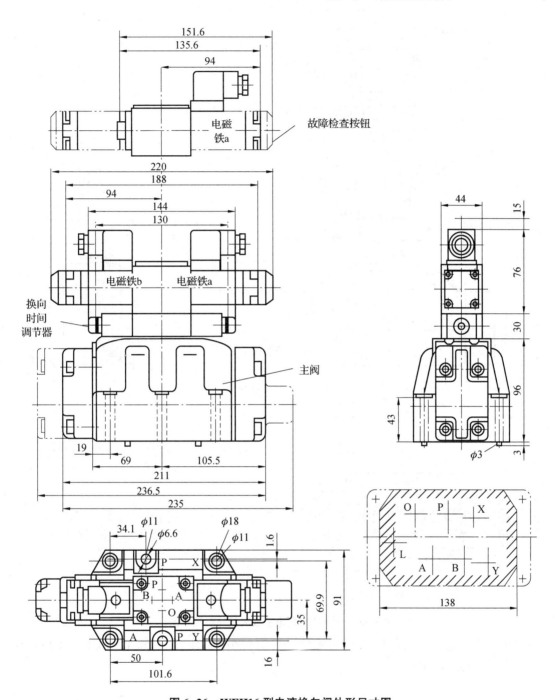

图6-26　WEH16型电液换向阀外形尺寸图

WEH16型电液换向阀的连接底板型号：G172/01（G3/4）、G172/02（M27×2）、G174/01（G1）、G174/02（M33×2）。

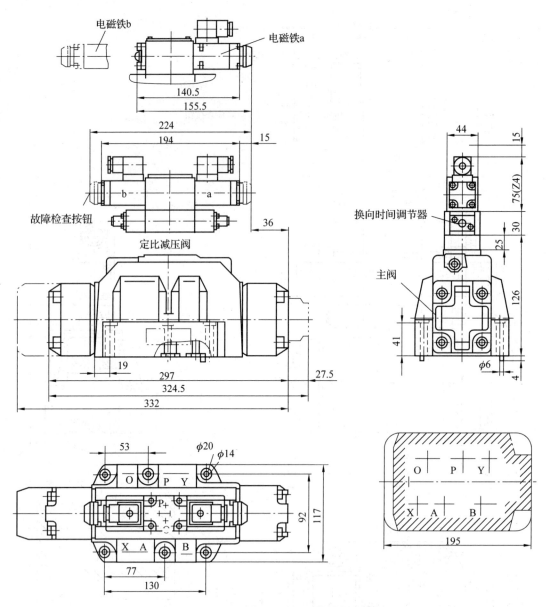

图 6-27　WEH25 型电液换向阀外形尺寸图

WEH25 型电液换向阀的连接底板型号：G151/01（G1）、G153/01（G1）、G154/01（G1¼）、G156/01（G1½）。

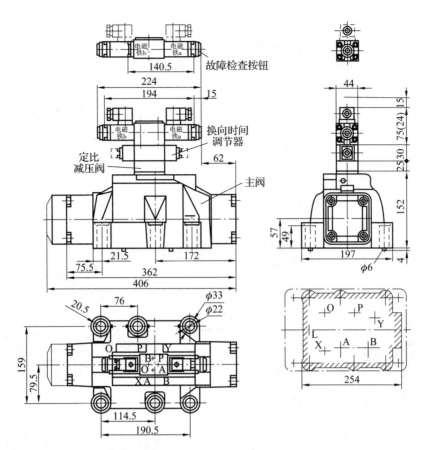

图 6-28 WEH32 型电液换向阀外形尺寸图

WEH32 型电液换向阀的连接底板型号：G157/01（G1）、G157/02（M48X2）、G158/10。

4. WMR/ U 型行程（滚轮）换向阀

WMR6 型行程换向阀结构如图 6-29 所示。

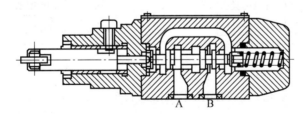

图 6-29 WMR6 型行程换向阀结构

1）型号意义

WMR/U 型行程换向阀的型号意义如下。

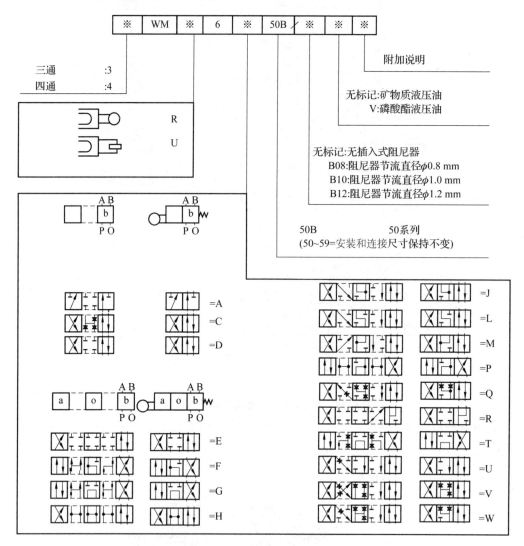

2）技术规格

WMR/U 型行程（滚轮）换向阀技术规格如表 6-39 所示。

表 6-39　WMR/U 型行程（滚轮）换向阀技术规格

额定压力/ MPa	油口 A、B、P	31.5
	（油口 O）[①]	6
流量/（L·min⁻¹）	60	
流动截面（在中位时）	Q 型阀芯	公称截面的 6%
	W 型阀芯	公称截面的 3%

续表

液压介质		矿物质液压油，磷酸酯液压油		
介质温度/℃		－30～+70		
介质运动黏度/(mm²·s⁻¹)		2.8～380		
质量/kg		约1.4		
实际工作压力（油口 A、B、P）/MPa		10.0	20.0	31.5
滚轮推杆上的操纵力/N	有回油压力时	约100	约112	约121
	无回油压力时	约184	约196	约205

注：①对于滑阀机能 A 和 B，若工作压力超过最高回油压力，则油口 O 必须用作泄油口。

3）外形尺寸

WM-X-6 型行程换向阀外形尺寸图如图6-30所示。

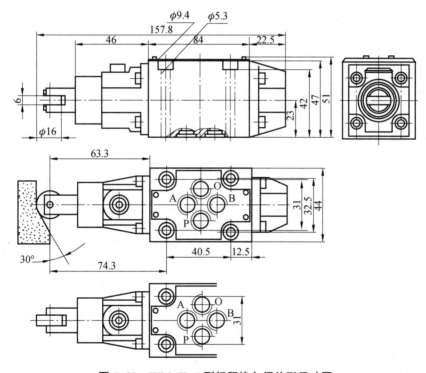

图6-30　WM-X-6 型行程换向阀外形尺寸图

WM-X-6 型行程换向阀的连接底板型号：G341/01、G342/01、G502/01。

6.2.3　流量控制元件

1. MG/MK 型节流阀及单向节流阀

MK 型节流阀结构如图6-31所示。

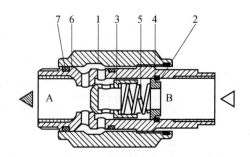

1—螺母；2—弹簧座；3—单向阀；4—卡环；5—弹簧；6—阀体；7—O 形圈。

图 6-31 MK 型节流阀结构

1）型号意义

※ ※ G   12/※ ※ ※

① ② ③ ④ ⑤ ⑥ ⑦

①MK——单向节流阀，MG——节流阀；

②—通径：6、8、10、15、20、25、30；

③—连接方式：G——管式阀；

④—系列号；

⑤2——米制，无标记—英制；

⑥—V——磷酸酯液压油，无标记——矿物质液压油；

⑦—附加说明。

2）技术参数

MG/MK 型节流阀技术参数如表 6-40 所示。

表 6-40 MG/MK 型节流阀技术参数

通径/mm	6	8	10	15	20	25	30
流量/(L·min^{-1})	15	30	50	140	200	300	400
压力/MPa	31.5						
开启压力/MPa	0.05（MK 型）						
介质	矿物质液压油，磷酸酯液压油						
介质运动黏度/(mm²·s^{-1})	（2.8～380）×10^{-6}						
介质温度/℃	−20～+70						

3）外形尺寸

MG/MK 型节流阀外形尺寸图如图 6-32 所示。

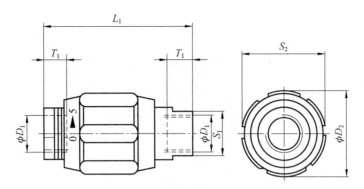

图 6-32 MG/MK 型节流阀外形尺寸图

MG/MK 型节流阀外形尺寸如表 6-41 所示。

表 6-41 MG/MK 型节流阀外形尺寸

通径/mm	尺寸						质量/kg
	D_1	D_2/mm	L_1/mm	S_1/mm	S_2/mm	T_1/mm	
6	G1/4 (M14×1.5)	34	65	19	32	12	0.3
8	G3/8 (M18×1.5)	38	65	22	36	12	0.4
10	G1/2 (M22×1.5)	48	80	27	46	14	0.7
15	G3/4 (M27×2)	58	100	32	55	16	1.1
20	G1 (M33×2)	72	110	41	70	18	1.9
25	G1¼ (M42×2)	87	130	50	85	20	3.2
30	G1½ (M48×2)	93	150	60	90	22	4.1

2. 2FRM 型调速阀（5、10、16 通径）

2FRM5-30 型调速阀结构如图 6-33 所示，2FRM16-20 型调速阀结构如图 6-34 所示。

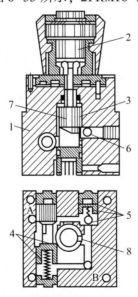

1—阀体；2—调节元件；3—薄刃孔；4—减压阀；5—单向阀；6—节流窗口；7—节流杆；8—节流孔。

图 6-33 2FRM5-30 型调速阀结构

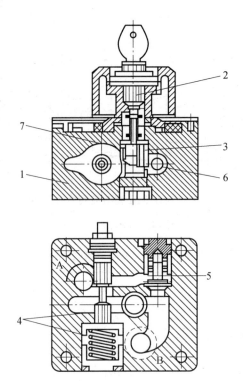

1—阀体；2—调节元件；3—薄刃孔；4—减压阀；5—单向阀；6—节流窗口；7—节流杆。

图 6-34　2FRM16-20 型调速阀结构

1）调速阀型号意义

调整阀的型号意义如下。

2FRM ※ ※/※ ※ ※ ※

　　　　①②③④⑤⑥

①—通径：5、10、16；

②—系列号：20——对应通径 10、16，30——对应通径 5；

③—流量调节范围，单位为 $L \cdot min^{-1}$；

④B——减压阀带行程调节杆，无标记——减压阀无行程调节杆；

⑤V——磷酸酯液压油，无标记——矿物质液压油；

⑥—附加说明。

2）整流板型号意义

整流板的型号意义如下。

Z4S ※—10 ※ ※

　　①　　②③④

①—通径：5、10、16；

②—系列号 10；

③V——磷酸酯液压油，无标记——矿物质液压油；

④—附加说明。

3）技术规格

2FRM 型调速阀技术规格如表6-42 所示，2FRM 整流板的技术规格如表6-43 所示。

表6-42　2FRM 型调速阀技术规格

介　质	矿物质液压油；磷酸酯液压油												
介质温度/℃	－ 20 ～ +70												
介质运动黏度/($mm^2 \cdot s^{-1}$)	2.8 ～380												
通径/mm	5							10				16	
流量/($L \cdot min^{-1}$)	0.2	0.6	1.2	3	6	10	15	10	16	25	50	60	100	160
自 B 到 A 反向流通时压差 Δp/MPa	0.05	0.05	0.06	0.09	0.18	0.36	0.67	0.2	0.25	0.35	0.6	0.28	0.43	0.73
流量稳定范围（−20 ～ +70 ℃）/（Q_{max}%）	5	3	2					2						
	2（Δp=21 MPa）							2（Δp=31.5 MPa）						
工作压力/MPa	21							31.5						
最低压力损失/MPa	0.3 ～0.5			0.6 ～0.8				0.3 ～0.7				0.5 ～12		
过滤精度/μm	25（$Q<5 L \cdot min^{-1}$）；10（$Q<0.5 L \cdot min^{-1}$）							—						
质量/kg	1.6							5.6				11.3		

表6-43　2FRM 整流板的技术规格

介　质	矿物质液压油；磷酸酯液压油		
介质温度/℃	−20 ～ +70		
介质运动黏度/（$mm^2 \cdot s^{-1}$）	2.8 ～380		
通径/mm	5	10	16
流量/（$L \cdot min^{-1}$）	15	50	160
工作压力/MPa	21	31.5	31.5
开启压力/MPa	0.1	0.15	0.15
质量/kg	0.6	3.2	9.3

4）外形尺寸

2FRM5 型调速阀外形尺寸图如图 6-35 所示，Z4S5 整流板外形尺寸如图 6-36 所示，2FRM10 和 2FRM16 型调速阀外形尺寸图如图 6-37 所示。

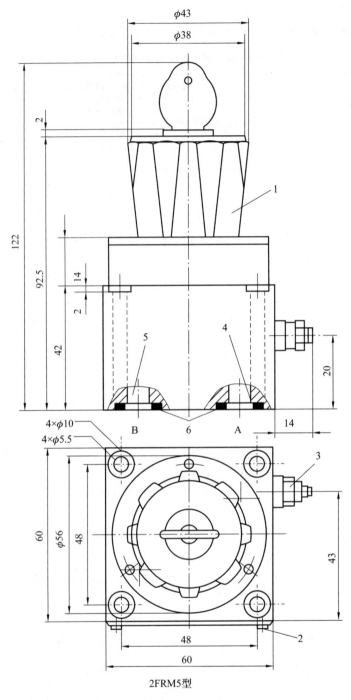

2FRM5型

1—带锁调节手柄；2—标牌；3—减压阀行程调节器；4—进油口 A；5—回油口 B；6—O 形圈。

图 6-35　2FRM5 型调速阀外形尺寸图

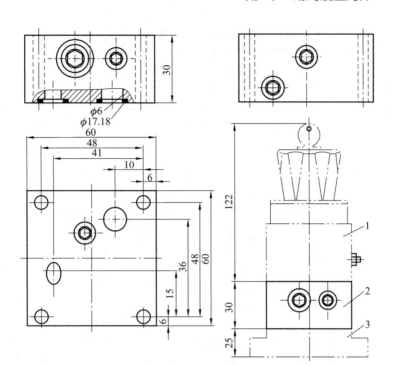

1—调速阀；2—整流板；3—底板。

图 6-36　Z4S5 型整流板外形尺寸图

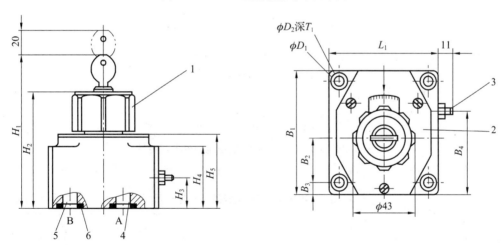

1—带锁调节手柄；2—标牌；3—减压阀行程调节器；4—进油口 A；5—回油口 B；6—O 形圈。

图 6-37　2FRM10 和 2FRM16 型调速阀外形尺寸图

2FRM10 和 2FRM16 型调速阀外形尺寸如表 6-44 所示。

表 6-44　2FRM10 和 2FRM16 型调速阀外形尺寸　　　　单位：mm

通径	尺寸												
	B_1	B_2	B_3	B_4	D_1	D_2	H_1	H_2	H_3	H_4	H_5	L_1	T_1
10	101.5	35.5	9.5	68	9	15	125	95	26	51	60	95	13
16	123.5	41.5	11	81.5	11	18	147	117	34	72	82	123.5	12

Z4S10 和 Z4S16 型整流板外形尺寸图如图 6-38 所示。

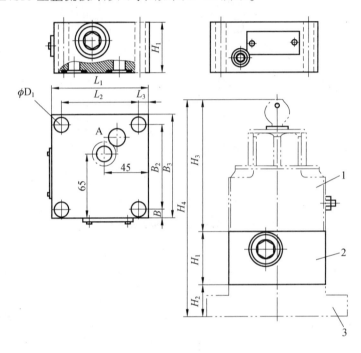

1—调速阀；2—整流板；3—底板。

图 6-38　Z4S10 和 Z4S16 型整流板外形尺寸图

Z4S10 和 Z4S16 型整流板外形尺寸如表 6-45 所示，连接底板型号如表 6-46 所示。

表 6-45　Z4S10 和 Z4S16 型整流板外形尺寸　　　　单位：mm

通径	尺寸										
	B_1	B_2	B_3	D_1	H_1	H_2	H_3	H_4	L_1	L_2	L_3
10	9.5	82.5	101.5	9	50	30	125	205	95	76	9.5
16	11	101.5	123.5	11	85	40	147	272	123.5	101.5	11

表 6-46　连接底板型号

通径/mm	5	10	16
底板型号	G44/1	G279/1	G281/1
	G45/1	G280/1	G282/1

第7章
液压辅助元件

7.1 管 路

液压系统中常用的管道有钢管、铜管、尼龙管、塑料管和橡胶软管等。管道材料的选择是根据液压系统各部位的压力、工作要求和各部件间的位置关系等确定的。各种管路的特点和适用场合如表7-1所示。

表7-1 各种管路的特点和适用场合

种类		特点和适用场合
硬管	钢管	耐高压，变形小，耐油性、抗腐蚀性比较好，价格较低，且装配时不易弯曲，装配后能长久地保持原形。常在拆装方便处用作压力管道。中、高压系统常用冷拔无缝钢管，低压系统、吸油和回油管路允许用有缝钢管
	紫铜管	易弯曲成形，安装方便，其内壁光滑，摩擦阻力小，但耐压低（6.5~10 MPa），抗冲击和振动能力弱，易使油液氧化，且铜管价格较贵，所以尽量不用或少用。通常只限于用作仪表等的小直径油管
软管	塑料管	耐油，价格低，装配方便，但耐压能力低，长期使用会老化。一般只作回油管路或泄漏油管路（低于0.5 MPa）
	尼龙管	乳白色、半透明，可观察油液流动情况，加热后可任意弯曲和扩口，冷却后定形。常用于中、低压系统
	橡胶软管	具有可挠性、吸振性和消声性，但价格高，寿命短，常用于有相对运动的部件的连接。橡胶软管有高压和低压两种，高压管用加有钢丝的耐油橡胶制成，钢丝有交叉编织和缠绕两种，一般有1~4层，钢丝层数越多，耐压性越高；低压橡胶软管是由加有帆布的耐油橡胶制成，用于回油管路

7.1.1 钢管

液压系统用的钢管，通常为无缝钢管，有精密无缝钢管（GB/T 3639—2009）和普通无缝钢管（YB 231—70）两种。卡套式管接头采用精密无缝钢管。材料用 10 钢或 15 钢，中、高压或大通径（>80）采用 15 钢。这些钢管均要求在退火状态下使用。

在液压系统中，管路连接螺纹有米制细牙螺纹、55°非密封管螺纹、55°密封管螺纹、60°圆锥管螺纹，以及米制圆锥管螺纹。螺纹的形式根据回路公称压力来确定。公称压力≤16 ~ 31.5 MPa 的中、高压系统采用 55°非密封管螺纹或米制细牙螺纹。

1. 钢管公称通径、外径、壁厚、连接螺纹

钢管公称通径、外径、壁厚、连接螺纹及推荐流量表如表 7-2 所示。

表 7-2　钢管公称通径、外径、壁厚、连接螺纹及推荐流量表

公称通径 DN/mm	钢管外径 /mm	管接头 连接螺纹	公称压力 P_N/MPa					推荐流量/ $(L \cdot min^{-1})$
			≤2.5	≤8	≤16	≤25	≤31.5	
			管路壁厚/mm					
3	6	—	1	1	1	1	1.5	0.63
4	8	—	1	1	1	1.5	1.5	2.5
5、6	10	M10×1	1	1	1	1.8	1.8	6.3
8	14	M14×1.5	1	1	1.8	2	2	25
10、12	18	M18×1.5	1	1.8	1.8	2.5	2.5	40
15	22	M22×1.5	1.8	1.8	2	2.5	3	63
20	28	M27×2	1.8	2	2.5	3.5	4	100
25	35	M33×2	2	2	3	4.5	5	160
32	42	M42×2	2	2.5	4	5	6	250
40	50	M48×2	2.5	3	4.5	5.5	7	400
50	60	M60×2	3	3.5	5	7	9	630
65	75	—	3.5	4	6	8	10	1000
80	90	—	4	5	7	10	12	1250
100	120	—	5	6	9	—	—	2500

注：（1）压力管道推荐用 10 号、15 号、20 号冷拔无缝钢管（YB 231-70）；

（2）对卡套式管接头用管，采用高精度冷拔钢管；

（3）焊接式接头用管，采用普通级精度的钢管。

2. 钢管弯管的最小曲率半径

钢管弯管的最小曲率半径如表 7-3 所示。

表 7-3　钢管弯管的最小曲率半径　　　　　　　　单位：mm

管子外径 D_0	10	14	18	22	28	34	42	50	63
最小弯管半径	50	70	75	75	90	100	130	150	190

注：（1）管子应从套管的一端大于管子外径 1/2 以外的距离处开始弯管；

（2）外径≤14 mm，可用手工工具弯管；

（3）较粗的钢管，宜用专门的弯管机械进行弯管。

7.1.2　铜管

铜管分为紫铜管和黄铜管（GB/T 1527—2017）。紫铜管用于压力较低（$p \leqslant 10$ MPa）的管路，装配时可按需要来弯曲，但抗震能力较低，且易使油氧化，价格昂贵；黄铜管可承受较高压力（$p \leqslant 25$ MPa），但不如紫铜管易弯曲。

7.1.3　胶管

胶管安装连接方便，适用于连接两个相对运动部件之间的管道，或弯曲形状复杂的地方。胶管分为高压和低压两种，高压胶管是钢丝编织或用钢丝缠绕为骨架的胶皮管，用于高压力油路；低压胶管是用麻线或棉纱编织体为骨架的胶管，用于压力较低的回路或气动管路中。

1. 钢丝编织胶管

钢丝编织胶管由内胶层、钢丝编织层、中间胶层和外腔层组成（亦可增设辅助织物层）。一般钢丝编织层有 1~3 层，层数越多，管径越小，胶管的耐压力越高。

2. 钢丝缠绕胶管

钢丝缠绕胶管是由内胶层、钢丝缠绕层、中间胶层和外胶层组成（亦可增设辅助织物层）。钢丝缠绕层有两层、四层和六层，层数越多，管径越小，胶管的耐压力越高。此种胶管除耐压力高外，还具有管体柔软、脉冲性能好的优点。

二层钢丝编织胶管的结构示意如图 7-1 所示，四层钢丝缠绕胶管的结构示意如图 7-2 所示。

图 7-1　二层钢丝编织胶管的结构示意

图 7-2　四层钢丝缠绕胶管的结构示意

7.2　管接头

管接头是油管与油管、油管与液压元件中间的连接件，它应满足连接牢固、密封可靠、外形尺寸小、通流能力大、装配方便、工艺性能好等要求、特别是管接头的密封性能是影响系统外泄漏的重要原因。在液压系统中，外径大于 50 mm 的金属管一般采用法兰连接，而小直径的油管则用管接头连接。

7.2.1 管接头的类型

管接头按照所连接管路的形式可分为硬管接头、软管接头、快换管接头和旋转管接头。

按管接头和管道的连接方式，管接头可分为焊接式管接头、卡套式管接头和扩口式管接头三种，其基本类型有 7 种：端直通管接头、直通管接头、端直角管接头、直角管接头、端三通管接头、三通管接头和四通管接头。凡带端字的都是用于管端与机件间的连接，其余则用于管件间的连接。另外对应于专门应用场合，有下列 8 种特殊类型管接头。

1. 端直通长管接头

端直通长管接头主要用于螺孔间距过小的地方，与端直通管接头交错安装。

2. 分管管接头

分管管接头用于大直径的管子上，可引出一根小直径的管子。

3. 过板管接头

过板管接头主要用于管路较多、成排布置的场合，可以把管子固定在支架上，或用于密封容器内外的管路连接。

4. 变径管接头

变径管接头用来连接外径不同的管子。

5. 对接管接头

对接管接头拆卸时，需将螺母松开，管子连同锥体环平移拆下，解决了其他卡套式管接头拆卸时必须轴向移动管子的难题。

6. 组合管接头

因卡套式管接头采用米制细牙螺纹，对端直角、端三通管接头来说较难满足方向要求，若选用组合管接头与端直通管接头连接会使复杂的管路系统安装更加便捷，同时也能满足任意方向的要求。

7. 铰接管接头

铰接管接头可使管道在一个平面内按任意方向安装，它比组合管接头紧凑，但结构较复杂。

8. 压力表管接头

压力表管接头专用于连接管道中的压力表。

管接头的类型如表 7-4 所示。

表7-4 管接头的类型

类型	特 点	标准号
焊接式管接头	利用接管与管子焊接。接头体和接管之间用O形密封圈端面密封。优点是结构简单，易制造，密封性好，对管子尺寸精度要求不高。缺点是要求焊接质量高，装拆不便。工作压力可达31.5 MPa，工作温度为-25～80 ℃，适用于以油为介质的管路系统	JB/T 966—2005
卡套式管接头	利用卡套变形卡住管子并进行密封，结构先进，性能良好，质量轻，体积小，使用方便，广泛应用于液压系统中。工作压力可达31.5 MPa，要求管子尺寸精度高，需用冷拔钢管。卡套精度亦高。适用于以油、气及一般腐蚀性物质为介质的管路系统	GB/T 3733—2008 GB/T 3765—2008
扩口管接头	利用管子端部扩口进行密封，不需要其他密封件。结构简单，适用于薄壁管件连接，且以油、气为介质的压力较低的管路系统	GB/T 5625—2008 GB/T 5653—2008
承插焊管件	将需要长度的管子插入管接头直至管子端面与管接头内端面接触，将管子与管接头焊接成一体，可省去接管，但要求管子尺寸严格，适用于以油、气为介质的管路系统	GB/T 3733—2008 GB/T 3765—2008
锥密封焊接式管接头	接管一端为外锥表面加O形密封圈与接头体的内锥表面相配，用螺纹拧紧。工作压力可达16～31.5 MPa，工作温度为-25～80 ℃，适用于以油为介质的管路系统	JB/T 6381.1—2007 JB/T 6385—2007
扣压式软管接头	可与扩口式、卡套式、焊接式或快换接头连接使用。工作压力与软管结构及直径有关。适用于以油、水、气为介质的管路系统，油介质温度为-40～100 ℃	GB/T 9065.1—2015 JB/T 8727—2017
三瓣式软管接头	装配时不需剥去胶管的外胶管，靠接头外套对胶管的预压缩量来补偿。胶管的预压缩量在31%～50%范围内能保证在工作压力下无渗漏，不会拔脱、外胶层不断裂。可与焊接式、快换管接头连接使用，适用于以油、水、气为介质的管路系统，其工作压力、介质温度按连接的胶管限定	

类型	特　　点	标准号
两端开闭式快换管接头	管子拆开后，可自行密封，管道内液体不会流失，因此适用于经常拆卸的场合。结构比较复杂，局部阻力损失较大。工作压力可达 31.5 MPa，工作温度为 -25 ~ 80 ℃，适用于以油、气为介质的管路系统	GB/T 8606—2003
两端开放式快换管接头	适用于以油、气为介质的管路系统，其工作压力、介质温度按连接的胶管限定	
旋转管接头	液压旋转接头用于向旋转设备之上的液压执行机构输送液压介质	

7.2.2 卡套式管接头

卡套式管接头分为卡套式端直通管接头、卡套式端直通长管接头、卡套式锥密封组合弯通管接头、卡套式锥螺纹直通管接头、卡套式锥密封组合三通管接头、卡套式直通管接头、卡套式可调向端弯通管接头、卡套式可调向端三通管接头、卡套式锥螺纹弯通管接头、卡套式锥螺纹三通管接头、卡套式直角管接头、卡套式过板直通管接头和卡套式压力表管接头。

1. 卡套式端直通管接头、卡套式端直通长管接头

1）卡套式端直通管接头

卡套式端直通管接头和接头体的结构图如图 7-3 所示。

摘自 GB/T 3733—2008

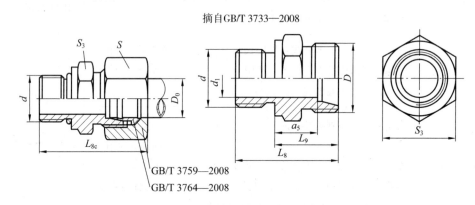

图 7-3　卡套式端直通管接头和接头体的结构图

卡磁式端直通接头和接头体的标记示例如下。

接头系列为 L，管子外径为 10 mm，普通螺纹（M）F 型柱端，表面镀锌处理的钢制卡套式端直通管接头标记为：管接头 GB/T 3733—L10。

接头系列为 L，管子外径为 10 mm，普通螺纹（M）F 型柱端，表面镀锌处理的钢制卡套式端直通管接头体标记为：接头体 GB/T 3733—L10。

卡套式端直通管接头和接头体的尺寸如表 7-5 所示。

表 7-5　卡套式端直通管接头和接头体的尺寸

系列	最大工作压力 /MPa	管子外径 D_0/mm	D	d	d_1/mm（参考）	L_9/mm（参考）	L_8 ±0.3 /mm	L_{8c} ≈ /mm	S/mm	S_3/mm	a_5（参考）
L	25	6	M12×1.5	M10×1	4	16.5	25	33	14	14	9.5
		8	M14×1.5	M12×1.5	6	17	28	36	17	17	10
		10	M16×1.5	M14×1.5	7	18	29	37	19	19	11
		12	M18×1.5	M16×1.5	9	19.5	31	39	22	22	12.5
		(14)	M20×1.5	M18×1.5	10	19.5	32	40	24	24	12.5
		15	M22×1.5	M18×1.5	11	20.5	33	41	27	24	13.5
		(16)	M24×1.5	M20×1.5	12	21	33.5	42.5	30	27	13.5
	16	18	M26×1.5	M22×1.5	14	22	35	44	32	27	14.5
		22	M30×2	M27×2	18	24	40	49	36	32	16.5
	10	28	M36×2	M33×2	23	25	41	50	41	41	17.5
		35	M45×2	M42×2	30	28	44	55	50	50	17.5
		42	M52×2	M48×2	36	30	47.5	59.5	60	55	19
S	63	6	M14×1.5	M12×1.5	4	20	31	39	17	17	13
		8	M16×1.5	M14×1.5	5	22	33	41	19	19	15
		10	M18×1.5	M16×1.5	7	22.5	35	44	22	22	15
		12	M20×1.5	M18×1.5	8	24.5	38.5	47.5	24	24	17
		(14)	M22×1.5	M20×1.5	9	25.5	39.5	48.5	27	27	18
	40	16	M24×1.5	M22×1.5	12	27	42	52	30	27	18.5
		20	M30×2	M27×2	15	31	49.5	60.5	36	32	20.5
		25	M36×2	M33×2	20	35	53.5	65.5	46	41	23
	25	30	M42×2	M42×2	25	37	56	69	50	50	23.5
		38	M52×2	M48×2	32	41.5	63	78	60	55	25.5

注：尽可能不采用括号内的规格，另有带 E、B、A 型柱端的卡套式端直通管接头和接头体尺寸，请参阅 GB/T 3733—2008。

2）卡套式端直通长管接头

卡套式端直通长管接头和接头体的结构图如图 7-4 所示。

摘自GB/T 3735—2008

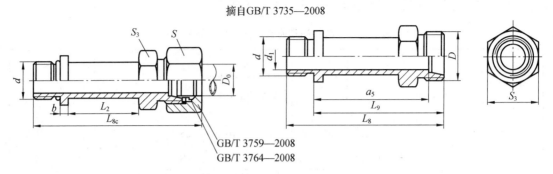

图7-4 卡套式端直通长管接头和接头体的结构图

卡套式端直通长管接头和接头体的标记示例如下。

接头系列为L，管子外径为10 mm，普通螺纹（M）F型柱端，表面镀锌处理的钢制卡套式端直通长管接头标记为：管接头 GB/T 3735—L10。

接头系列为L，管子外径为10 mm，普通螺纹（M）F型柱端，表面镀锌处理的钢制卡套式端直通长管接头体标记为：接头体 GB/T 3735—L10。

卡套式端直通长管接头和接头体的尺寸如表7-6所示。

表7-6 卡套式端直通长管接头和接头体的尺寸

系列	最大工作压力/MPa	管子外径 D_0/mm	D	d	d_1/mm（参考）	L_2/mm	L_{80} ±0.3/mm	L_8 ±0.3/mm	L_9/mm（参考）	b/mm	S/mm	S_3/mm	a_5/mm（参考）
L	25	6	M12×1.5	M10×1	4	25	59.4	51.4	42.9	3	14	14	35.9
		8	M14×1.5	M12×1.5	6	27	64.5	56.5	45.5		17	17	38.5
		10	M16×1.5	M14×1.5	7	29	67.5	59.5	48.5		19	19	41.5
		12	M18×1.5	M16×1.5	9	30	70.5	62.5	51	4	22	22	44
		(14)	M20×1.5	M18×1.5	10	31	72.5	64.5	52		24	24	45
		15	M22×1.5	M18×1.5	11	32	74.5	66.5	54		27	24	47
		(16)	M24×1.5	M20×1.5	12	32	76	67	54.5		30	27	47
	16	18	M26×1.5	M22×1.5	14	33	78.5	69.5	56.5	4	32	27	49
		22	M30×2	M27×2	18	38	89.5	80.5	64.5		36	32	57
	10	28	M36×2	M33×2	23	41	93	84	68	5	41	41	60.5
		35	M45×2	M42×2	30	45	102	91	75		50	50	64.5
		42	M52×2	M48×2	36	46	107.5	95.5	78		60	33	67

续表

系列	最大工作压力/MPa	管子外径 D_0/mm	D	d	d_1/mm（参考）	L_2/mm	L_{80} ±0.3 /mm	L_8 ±0.3 /mm	L_9/mm（参考）	b/mm	S/mm	S_3/mm	a_5/mm（参考）
S	63	6	M14×1.5	M12×1.5	4	29	69.5	61.5	50.5	4	17	17	43.5
		8	M16×1.5	M14×1.5	5	31	73.5	65.5	54.5		19	19	47.5
		10	M18×1.5	M16×1.5	7	32	77.5	68.5	56		22	22	48.5
		12	M20×1.5	M18×1.5	8	33	82	73	59		24	24	51.5
		(14)	M22×1.5	M20×1.5	9	33	83	74	60		27	27	52.5
	40	16	M24×1.5	M22×1.5	12	36	9.5	79.5	64.5	5	30	27	56
		20	M30×2	M27×2	15	37	100	89	70.5		36	32	60
		25	M36×2	M33×2	20	44	111.5	99.5	81		46	41	69
	25	30	M42×2	M42×2	25	45	116	103	84		50	50	70.5
		38	M52×2	M48×2	32	46	126	111	89.5		60	55	73.5

注：尽可能不采用括号内的规格，另有带 E、B、A 型柱端的卡套式端直通长管接头和接头体尺寸，请参阅 GB/T 3735—2008。

2. 卡套式锥密封组合弯通管接头

卡套式锥密封组合弯通管接头和接头体的结构图如图 7-5 所示。

摘自 GB/T 3754—2008

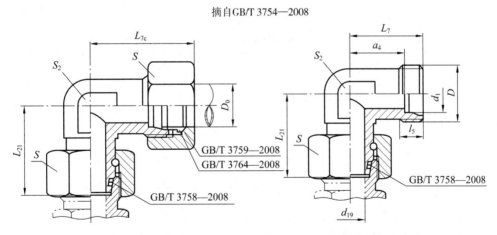

图 7-5 卡套式锥密封组合弯通管接头和接头体的结构图

卡套式锥密封组合弯通管接头和接头体的标记示例如下。

接头系列为 L，管子外径 D_0=10 mm，表面镀锌处理的钢制锥密封组合弯通管接头标记为：管接头 GB/T 3754—L10。

接头系列为 L，管子外径 D_0=10 mm，表面镀锌处理的钢制锥密封组合弯通管接头体标记为：接头体 GB/T 3754—L10。

卡套式锥密封组合弯通管接头和接头体的尺寸如表7-7所示。

表7-7　卡套式锥密封组合弯通管接头和接头体的尺寸

系列	最大工作压力/MPa	管子外径 D_0/mm	D	d_1（参考）/mm	d_{19}（min）/mm	L_7±0.3/mm	$L_{7c}\approx$/mm	L_{21}±0.3/mm	a_4（参考）/mm	L_5（min）/mm	S/mm	S_2/mm 锻制（min）	S_2/mm 机械加工（max）
L	25	6	M12×1.5	4	2.5	19	27	26	12	7	14	12	—
		8	M14×1.5	6	4	21	29	27.5	14	7	17	12	14
		10	M16×1.5	8	6	22	30	29	15	8	19	14	17
		12	M18×1.5	10	8	24	32	29.5	17	8	22	17	19
		(14)	M20×1.5	11	9	25	33	31.5	18	8	24	19	—
		15	M22×1.5	12	10	28	36	32.5	21	9	27	19	—
		(16)	M24×1.5	14	12	30	39	33.5	22.5	9	30	22	—
	16	18	M26×1.5	15	13	31	40	35.5	23.5	9	32	24	—
		22	M30×2	19	17	35	44	38.5	27.5	10	36	27	—
	10	28	M36×2	24	22	38	47	41.5	30.5	10	41	36	—
		35	M45×2	30	28	45	56	51	34.5	12	50	41	—
		42	M52×2	36	34	51	63	56	40	12	60	50	—
S	63	6	M14×1.5	4	2.5	23	31	27	16	9	17	12	14
		8	M16×1.5	5	4	24	32	27.5	17	9	19	14	17
		10	M18×1.5	7	6	25	34	30	17.5	9	22	17	19
		12	M20×1.5	8	8	26	35	31	18.5	9	22	17	22
		(14)	M22×1.5	9	3	29	38	34	21.5	10	27	22	—
	40	16	M24×1.5	12	11	33	43	36.5	24.5	11	30	24	—
		20	M30×2	16	14	37	48	44.5	26.5	12	36	27	—
		25	M36×2	20	18	45	57	50	33	14	46	36	—
	25	30	M42×2	25	23	49	62	55	35.5	16	50	41	—
		38	M52×2	32	30	57	72	63	41	18	60	50	—

注：尽可能不采用括号内的规格。

3. 卡套式锥螺纹直通管接头

卡套式锥螺纹直通管接头和接头体的结构图如图7-6所示。

摘自GB/T 3734—2008

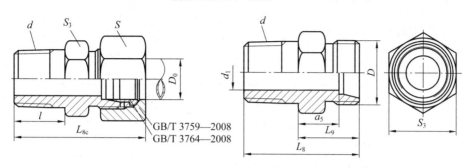

图7-6 卡套式锥螺纹直通管接头和接头体的结构图

卡套式锥螺纹直通管接头和接头体的标记示例如下。

接头系列为 L，管子外径为 10 mm，55°密封管螺纹（R），表面镀锌处理的钢制卡套式锥螺纹直通管接头标记为：管接头 GB/T 3734　L10/R1/4。

接头系列为 L，管子外径为 10 mm，55°密封管螺纹（R），表面镀锌处理的钢制卡套式锥螺纹直通管接头体标记为：接头体 GB/T 3734　L10/R1/4。

卡套式锥螺纹直通管接头和接头体的尺寸如表7-8所示。

表7-8 卡套式锥螺纹直通管接头和接头体的尺寸

系列	最大工作压力 /MPa	管子外径 D_0 /mm	D	d		d_1（参考）/mm	l /mm	L_9（参考）/mm	$L_8 \approx$ /mm	$L_{8c} \approx$ /mm	S /mm	S_3 /mm	a_5（参考）/mm
LL	10	4	M8×1	R1/8	NPT1/8	3	8.5	12	20.5	26.5	10	14	8
		5	M10×1	R1/8	NPT1/8	3	8.5	12	20.5	26.5	12	14	6.5
		6	M10×1	R1/8	NPT1/8	4	8.5	12	20.5	26.5	12	14	6.5
		8	M12×1	R1/8	NPT1/8	4.5	8.5	13	21.5	27.5	14	14	7.5
L	25	6	M12×1.5	R1/8	NPT1/8	4	8.5	14	22.5	30.5	14	14	7
		8	M14×1.5	R1/4	NPT1/4	6	12.5	15	27.5	35.5	17	19	8
		10	M16×1.5	R1/4	NPT1/4	7	12.5	16	28.5	36.5	19	19	9
		12	M18×1.5	R3/8	NPT3/8	9	13	17.5	30.5	38.5	22	22	10.5
		(14)	M20×1.5	R1/2	NPT1/2	11	17	17	34	42	24	27	10
		15	M24×1.5	R1/2	NPT1/2	11	17	18	35	43	27	27	11
		(16)	M12×1.5	R1/2	NPT1/2	12	17	18.5	35.5	44.5	30	27	11

系列	最大工作压力/MPa	管子外径 D_0/mm	D	d	d_1(参考)/mm	l/mm	L_9(参考)/mm	$L_8 \approx$/mm	$L_{8c} \approx$/mm	S/mm	S_3/mm	a_5(参考)/mm
LL	16	18	M26×1.5	R1/2	NPT1/2	14	17	19	36	45	32	27	11.5
	16	22	M30×2	R3/4	NPT3/4	18	18	21	39	48	36	32	13.5
	10	28	M36×2	R1	NPT1	23	21.5	22	43.5	52.5	41	41	14.5
	10	35	M45×2	R1¼	NPT1¼	30	24	25	49	60	50	50	14.5
	10	42	M52×2	R1½	NPT1½	36	24	27	51	63	60	55	16
S	40	6	M14×1.5	R1/4	NPT1/4	4	12.5	18	30.5	38.5	17	19	11
	40	8	M16×1.5	R1/4	NPT1/4	5	12.5	20	32.5	40.5	19	19	13
	40	10	M18×1.5	R3/8	NPT3/8	7	13	20.5	33.5	42.5	22	22	13
	40	12	M20×1.5	R3/8	NPT3/8	8	13	22	35	44	24	22	14.5
	40	(14)	M22×1.5	R1/2	NPT1/2	10	17	23	40	49	27	27	15.5
	40	16	M24×1.5	R1/2	NPT1/2	12	17	24	41	51	30	27	15.5
	40	20	M30×2	R3/4	NPT3/4	15	18	28	46	57	36	32	17.5
	25	25	M36×2	R1	NPT1	20	21.5	32	53.5	65.5	46	41	20
	16	30	M42×2	R1¼	NPT1¼	25	24	34	58	71	50	50	20.5
	16	38	M52×2	R1½	NPT1½	32	24	39	63	78	60	55	23

4. 卡套式锥密封组合三通管接头

卡套式锥密封组合三通管接头和接头体的结构图如图 7-7 所示。

摘自 GB/T 3755—2008

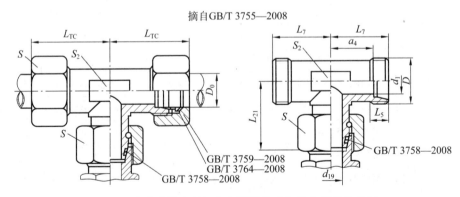

图 7-7 卡套式锥密封组合三通管接头和接头体的结构图

卡套式锥密封组合三通管接头和接头体标记示例如下。

接头系列为 L，管子外径 $D_0 = 10$ mm，表面镀锌处理的钢制卡套式锥密封组合三通管接头标记为：管接头 GB/T 3755 L10。

接头系列为 L，管子外径 $D_0 = 10$ mm，表面镀锌处理的钢制卡套式锥密封组合三通管接头体标记为：接头 GB/T 3755　L10。

卡套式锥密封组合三通管接头和接头体的尺寸如表 7-9 所示。

表 7-9　卡套式锥密封组合三通管接头和接头体的尺寸

系列	最大工作压力 /MPa	管子外径 D_0 /mm	D	d_1（参考）/mm	d_{19}（min）/mm	L_7 ±0.3 /mm	$L_{7c} \approx$ /mm	L_{21} ±0.3 /mm	a_4（参考）/mm	L_5（min）/mm	S/ mm	S_2/mm 锻制	S_2/mm 机械加工
L	25	6	M12×1.5	4	2.5	19	27	26	12	7	14	12	—
		8	M14×1.5	6	4	21	29	27.5	14	7	17	12	14
		10	M6×1.5	8	6	22	30	29	15	8	19	14	17
		12	M18×1.5	10	8	24	32	29.5	17	8	22	17	19
		(14)	M20×1.5	11	9	25	33	31.5	18	8	22	17	19
		15	M22×1.5	12	10	28	36	32.5	21	9	27	19	—
		(16)	M24×1.5	14	12	30	39	33.5	22.5	9	30	22	—
	16	18	M26×1.5	15	13	31	40	35.5	23.5	9	32	24	—
		22	M30×2	19	17	35	44	38.5	27.5	10	36	27	—
	10	28	M36×2	24	22	38	47	41.5	30.5	10	41	36	—
		35	M45×2	30	28	45	56	51	34.5	12	50	41	—
		42	M52×2	36	34	51	63	56	40	12	60	50	—
S	63	6	M14×1.5	4	2.5	23	31	27	16	9	17	12	14
		8	M16×1.5	5	4	24	32	27.5	17	9	19	14	17
		10	M18×1.5	7	6	25	34	30	17.5	9	22	17	19
		12	M20×1.5	8	8	26	35	31	18.5	9	24	17	22
		(14)	M22×1.5	9	9	29	38	34	21.5	10	27	22	—
	40	16	M24×1.5	12	11	33	43	36.5	24.5	11	30	24	—
		20	M30×2	16	14	37	48	44.5	26.5	12	36	27	—
		25	M36×2	20	18	45	57	50	33	14	46	36	—
	25	30	M42×2	25	23	49	62	55	35.5	16	50	41	—
		38	M52×2	32	30	57	72	63	41	18	60	50	—

注：尽可能不采用括号内的规格。

5. 卡套式直通管接头

卡套式直通管接头和接头体的结构图如图 7-8 所示。

摘自GB/T 3737—2008

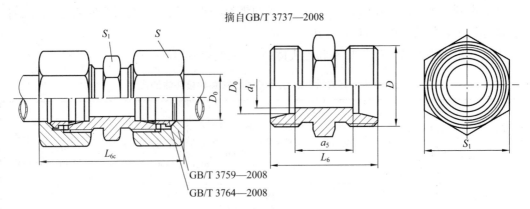

图 7-8　卡套式直通管接头和接头体的结构图

卡套式直通管接头和接头体的标记示例如下。

接头系列为 L，管子外径 $D_0 = 10$ mm，表面镀锌处理的钢制卡套式直通管接头标记为：管接头 GB/T 3737　L10。

接头系列为 L，管子外径 $D_0 = 10$ mm，表面镀锌处理的钢制卡套式直通管接头体标记为：接头体 GB/T 3737　L10。

卡套式直通管接头和接头体的尺寸如表 7-10 所示。

表 7-10　卡套式直通管接头和接头体的尺寸

系列	最大工作压力 /MPa	管子外径 D_0/mm	D	d_1（参考）/mm	$L_6 \pm 0.3$ /mm	$L_{6c} \approx$ /mm	S /mm	S_1 /mm	a_5（参考）/mm
LL	10	4	M8×1	3	20	32	10	9	12
		5	M10×1	3.5	20	32	12	11	9
		6	M10×1	4.5	20	32	12	11	9
		8	M12×1	6	23	35	14	12	12
L	25	6	M12×1.5	4	24	40	14	12	10
		8	M14×1.5	6	25	41	17	14	11
		10	M16×1.5	8	27	43	19	17	13
		12	M18×1.5	10	28	44	22	19	14
		(14)	M20×1.5	11	28	44	24	22	14
		15	M22×1.5	12	30	46	27	24	16
		(16)	M24×1.5	14	31	49	30	27	16
	16	18	M26×1.5	15	31	49	32	27	16
		22	M30×2	19	35	53	36	32	20
	10	28	M36×2	24	36	54	41	41	21
		35	M45×2	30	41	63	50	46	20
		42	M52×2	36	43	67	60	55	21

系列	最大工作压力 /MPa	管子外径 D_0/mm	D	d_1 （参考） /mm	$L_6 \pm 0.3$ /mm	$L_{6c} \approx$ /mm	S /mm	S_1 /mm	a_5 （参考） /mm
S	63	6	M14×1.5	4	30	46	17	14	16
		8	M16×1.5	5	32	48	19	17	18
		10	M18×1.5	7	32	50	22	19	17
		12	M20×1.5	8	34	52	24	22	19
		(14)	M22×1.5	9	36	54	27	24	21
	40	16	M24×1.5	12	38	58	30	27	21
		20	M30×2	16	44	66	36	32	23
		25	M36×2	20	50	74	46	41	26
		30	M42×2	25	54	80	50	46	27
		38	M52×2	32	61	91	60	55	29

6. 卡套式可调向端弯通管接头

卡套式可调向端弯通管接头和接头体的结构图如图7-9所示。

摘自GB/T 3738—2008

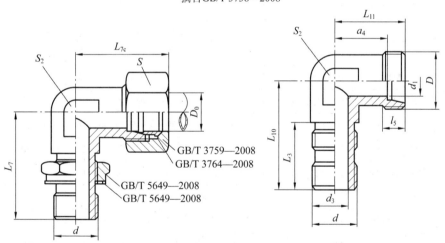

图7-9 卡套式可调向端弯通管接头和接头体的结构图

卡套式可调向端弯通管接头和接头体的标记示例如下。

接头系列为L，管子外径为10 mm，普通螺纹（M）可调向螺纹柱端，表面镀锌处理的钢制卡套式可调向端弯通管接头标记为：管接头 GB/T 3738 L10。

接头系列为L，管子外径为10 mm，普通螺纹（M）可调向螺纹柱端，表面镀锌处理的钢制卡套式可调向端弯通管接头体标记为：接头体 GB/T 3738 L10。

卡套式可调向端弯通管接头和接头体的尺寸如表7-11所示。

表 7-11 卡套式可调向端弯通管接头和接头体的尺寸

系列	最大工作压力/MPa	管子外径D_0/mm	D	d	d_1（参考）/mm	d_3（参考）/mm	L_3（min）/mm	L_7±0.3/mm	L_{7c}±0.3/mm	L_{10}±1/mm	L_{11}（参考）/mm	L_5（min）/mm	a_4（参考）/mm	S/mm	S_2/mm 锻制（min）	S_2/mm 机械加工（max）
L	25	6	M12×1.5	M10×1.5	4	4	16	19	27	25	16.4	7	12	14	12	12
		8	M14×1.5	M12×1.5	6	6	20	21	29	31	19.9	7	14	17	12	14
		10	M16×1.5	M14×1.5	8	7	20	22	30	31	19.9	8	15	19	14	17
		12	M18×1.5	M16×1.5	10	9	20.5	24	32	33.5	21.9	8	17	22	17	19
		(14)	M20×1.5	M18×1.5	11	10	21.5	25	33	35.5	22.9	8	18	24	19	
		15	M22×1.5	M20×1.5	12	11	21.5	28	36	37.5	24.9	9	21	27	19	
		(16)	M24×1.5	M22×1.5	14	12	21.5	30	39	40.5	27.8	9	22.5	30	22	
	16	18	M26×1.5	M12×1.5	15	14	22.5	31	40	41.5	28.8	9	23.5	32	24	
		22	M30×2	M27×2	19	18	27.5	35	44	48.5	32.8	10	27.5	36	27	
	10	28	M36×2	M33×2	24	23	27.5	38	47	51.5	35.8	10	30.5	41	36	
		35	M45×2	M42×2	30	30	27.5	45	56	56.5	40.8	12	34.5	50	41	
		42	M52×2	M48×2	36	36	29	51	63	64	46.8	12	40	60	50	
S	63	6	M14×1.5	M12×1.5	4	4	21	23	31	32	20.9	9	16	17	12	14
		8	M16×1.5	M14×1.5	5	5	21	24	32	33	21.9	9	17	19	14	17
		10	M18×1.5	M16×1.5	7	7	23	25	34	36	23.4	9	17.5	22	17	19
		12	M20×1.5	M18×1.5	8	8	26	26	35	40	25.9	9	18.5	24	17	22
		(14)	M22×1.5	M20×1.5	9	9	26	29	38	43.5	28.8	10	21.5	27	22	—
	40	16	M24×1.5	M22×1.5	12	12	27.5	33	43	46.5	31.8	11	24.5	30	24	
		20	M30×2	M27×2	16	15	33.5	37	48	54.5	36.8	12	26.5	36	27	
		25	M36×2	M33×2	20	20	33.5	45	57	60.5	42.3	14	33	46	36	—
	25	30	M42×2	M42×2	25	25	34.5	49	62	63.5	44.8	16	35.5	50	41	
		38	M52×2	M48×2	32	32	38	57	72	73	51.8	18	41	60	50	—

注：尽可能不采用括号内的规格。

7. 卡套式可调向端三通管接头

卡套式可调向端三通管接头和接头体的结构图如图 7-10 所示。

摘自GB/T 3741—2008

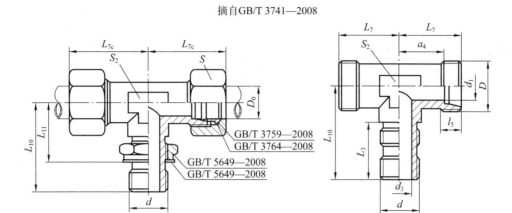

图7-10　卡套式可调向端三通管接头和接头体的结构图

卡套式可调向端三通管接头和接头体的标记示例如下。

接头系列为L，管子外径为10 mm，普通螺纹（M）可调向螺纹柱端，表面镀锌处理的钢制卡套式可调向端三通管接头标记为：管接头 GB/T 3741　L10。

接头系列为L，管子外径为10 mm，普通螺纹（M）可调向螺纹柱端，表面镀锌处理的钢制卡套式可调向端三通管接头体标记为：接头体 GB/T 3741　L10。

卡套式可调向端三通管接头和接头体的尺寸如表7-12所示。

表7-12　卡套式可调向端三通管接头和接头体的尺寸

系列	最大工作压力/MPa	管子外径 D_0/mm	D	d	d_1（参考）/mm	d_3（参考）/mm	L_3（min）/mm	L_7 ±0.3/mm	L_{7c} ±0.3/mm	L_{10} ±1/mm	L_{11}（参考）/mm	L_5（min）/mm	a_4（参考）/mm	S/mm	S_2/mm 锻制（min）	S_2/mm 机械加工（max）
L	25	6	M12×1.5	M10×1.5	4	4	16	19	27	25	16.4	7	12	14	12	12
		8	M14×1.5	M12×1.5	6	6	20	21	29	31	19.9	7	14	17	12	14
		10	M16×1.5	M14×1.5	8	7	20	22	30	31	19.9	8	15	19	14	17
		12	M18×1.5	M16×1.5	10	9	20.5	24	32	33.5	21.9	8	17	22	17	19
		(14)	M20×1.5	M18×1.5	11	10	21.5	25	33	35.5	22.9	8	18	24	19	—
		15	M22×1.5	M20×1.5	12	11	21.5	28	36	37.5	24.9		21	27	19	—
		(16)	M24×1.5	M22×1.5	14	12	21.5	30	39	40.5	27.8	9	22.5	30	22	
	16	18	M26×1.5	M12×1.5	15	14	22.5	31	40	41.5	28.8	9	23.5	32	24	—
		22	M30×2	M27×2	19	18	27.5	35	44	48.5	32.8	10	27.5	36	27	
	10	28	M36×2	M33×2	24	23	27.5	38	47	51.5	35.8	10	30.5	41	36	
		35	M45×2	M42×2	30	30	27.5	45	56	56.5	40.8	12	34.5	50	41	—
		42	M52×2	M48×2	36	36	29	51	63	64	46.8	12	40	60	50	—

系列	最大工作压力/MPa	管子外径D_0/mm	D	d	d_1（参考）/mm	d_3（参考）/mm	L_3（min）/mm	L_7±0.3/mm	L_{7c}±0.3/mm	L_{10}±1/mm	L_{11}（参考）/mm	L_5（min）/mm	a_4（参考）/mm	S/mm	S_2/mm 锻制（min）	S_2/mm 机械加工（max）
S	63	6	M14×1.5	M12×1.5	4	4	21	23	31	32	20.9	9	16	17	12	14
		8	M16×1.5	M14×1.5	5	5	21	24	32	33	21.9	9	17	19	14	17
		10	M18×1.5	M16×1.5	7	7	23	25	34	36	23.4	9	17.5	22	17	19
		12	M20×1.5	M18×1.5	8	8	26	26	35	40	25.9	9	18.5	24	17	22
		(14)	M22×1.5	M20×1.5	9	9	26	29	38	43.5	28.8	10	21.5	27	22	—
	40	16	M24×1.5	M22×1.5	12	12	27.5	33	43	46.5	31.8	11	24.5	30	24	—
		20	M30×2	M27×2	16	15	33.5	37	48	54.5	36.3	12	26.5	36	27	—
		25	M36×2	M33×2	20	20	33.5	45	57	60.5	42.3	14	33	46	36	—
	25	30	M42×2	M42×2	25	25	34.5	49	62	63.5	44.8	16	35.5	50	41	—
		38	M52×2	M48×2	32	32	38	57	72	73	51.8	18	41	60	50	—

注：尽可能不采用括号内的规格。

8. 卡套式锥螺纹弯通管接头

卡套式锥螺纹弯通管接头和接头体的结构图如图7-11所示。

摘自GB/T 3739—2008

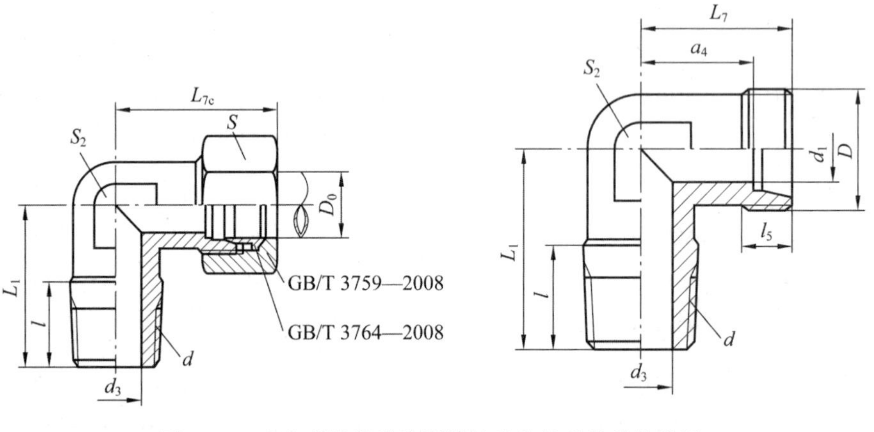

图7-11 卡套式锥螺纹弯通管接头和接头体的结构图

卡套式锥螺纹弯通管接头和接头体的标记示例如下。

接头系列为L，管子外径为10 mm，55°密封管螺纹（R），表面镀锌处理的钢制卡套式锥螺纹弯通管接头标记为：管接头 GB/T 3739　L10/R1/4。

接头系列为 L，管子外径为 10 mm，55°密封管螺纹（R），表面镀锌处理的钢制卡套式锥螺纹弯通管接头体标记为：接头体 GB/T 3739　L10/R1/4。

卡套式锥螺纹弯通管接头和接头体的尺寸如表 7-13 所示。

表 7-13　卡套式锥螺纹弯通管接头和接头体的尺寸

系列	工作压力 /MPa	管子外径 D_0 /mm	D	d	d_1 （参考） /mm	d_3 /mm	L_1 /mm	L_7 ±0.3 /mm	L_{7c}≈ /mm	l /mm	L_5 （min） /mm	a_4 （参考） /mm	S/ mm	S_2/mm 锻制（min）	S_2/mm 机械加工（max）
LL	10	4	M8×1	R1/8　NPT1/8	3	3	15.5	15	21	8.5	6	11	10	9	6
		5	M10×1	R1/8　NPT1/8	3.5	3	15.5	15	21	8.5	6	9.5	12	9	6
		6	M10×1	R1/8　NPT1/8	4.5	4	15.5	15	21	8.5	6	9.5	12	9	6
		8	M12×1	R1/8　NPT1/8	6	4.5	16.5	17	23	8.5	7	11.5	14	12	7
	25	6	M12×1.5	R1/8　NPT1/8	4	4	17.5	19	27	8.5	7	12	14	12	7
		8	M14×1.5	R1/4　NPT1/4	6	6	23.5	21	29	12.5	7	14	17	12	7
		10	M16×1.5	R1/4　NPT1/4	8	6	23.5	22	30	12.5	8	15	19	14	8
		12	M18×1.5	R3/8　NPT3/8	10	9	26	24	32	13	8	17	22	17	8
		(14)	M20×1.5	R1/2　NPT1/2	11	11	31	25	33	17	8	18	24	19	8
L	16	15	M22×1.5	R1/2　NPT1/2	12	11	33	28	36	17	9	21	27	19	9
		(16)	M24×1.5	R1/2　NPT1/2	14	12	35	30	39	17	9	22.5	30	22	9
		18	M26×1.5	R1/2　NPT1/2	15	14	36	31	40	17	9	23.5	32	24	9
		22	M30×2	R3/4　NPT3/4	19	18	39	35	44	18	10	27.5	36	27	10
	10	28	M36×2	R1　NPT1	24	23	45.5	38	47	21.5	10	30.5	41	36	10
		35	M45×2	R1¼　NPT1¼	30	30	53	45	56	24	12	34.5	50	41	12
		42	M52×2	R1½　NPT1½	36	36	59	51	63	24	12	40	60	50	12

系列	工作压力/MPa	管子外径 D_0/mm	D	d	d_1（参考）/mm	d_3/mm	L_1/mm	L_7 ±0.3/mm	$L_{7c} \approx$/mm	l/mm	L_5（min）/mm	a_4（参考）/mm	S/mm	S_2/mm 锻制（min）	S_2/mm 机械加工（max）
S	40	6	M14×1.5	R1/4	NPT1/4	4	4	23.5	23	31	12.5	9	16	17	12	9
		8	M16×1.5	R1/4	NPT1/4	5	5	24.5	24	32	12.5	9	17	19	14	9
		10	M18×1.5	R3/8	NPT3/8	7	7	26	25	34	13	9	17.5	22	17	9
		12	M20×1.5	R3/8	NPT3/8	8	8	27	26	35	13	9	18.5	24	17	9
		(14)	M22×1.5	1/2	NPT1/2	9	10	33	29	38	17	10	21.5	27	22	10
		16	M24×1.5	R1/2	NPT1/2	12	12	36	33	43	17	11	24.5	30	24	11
	25	20	M30×2	R3/4	NPT3/4	16	15	39	37	48	18	12	26.5	36	27	12
		25	M36×2	R1	NPT1	20	20	48.5	45	57	21.5	14	33	46	36	14
		30	M42×2	R1¼	NPT1¼	25	25	53	49	62	24	16	35.5	50	41	—
	16	38	M52×2	R1½	NPT1½	32	32	59	57	72	24	18	41	60	50	—

注：尽可能不采用括号内的规格。

9. 卡套式锥螺纹三通管接头

卡套式锥螺纹三通管接头和接头体的结构图如图7-12所示。

摘自GB/T 3742—2008

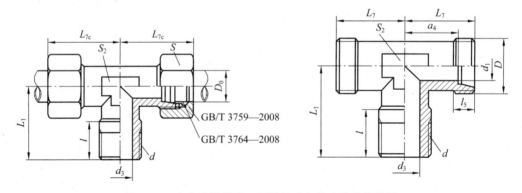

图7-12 卡套式锥螺纹三通管接头和接头体的结构图

卡套式锥螺纹三通管接头和接头体的标记示例如下。

接头系列为L，管子外径为10 mm，55°密封管螺纹（R），表面镀锌处理的钢制卡套式锥螺纹三通管接头标记为：管接头 GB/T 3742　L10/R1/4。

接头系列为L，管子外径为10 mm，55°密封管螺纹（R），表面镀锌处理的钢制卡套式锥螺纹三通管接头体标记为：接头体 GB/T 3742　L10/R1/4。

卡套式锥螺纹三通管接头和接头体的尺寸如表7-14所示。

表7-14 卡套式锥螺纹三通管接头和接头体的尺寸

系列	工作压力/MPa	管子外径 D_0/mm	D	d	d_1 (参考)/mm	d_3/mm	L_1/mm	L_7 ±0.3/mm	$L_{7c}\approx$/mm	l/mm	L_5 (min)/mm	a_4 (参考)/mm	S/mm	S_2/mm 锻制(min)	S_2/mm 机械加工(max)
L	10	4	M8×1	R1/8 NPT1/8	3	3	15.5	15	21	8.5	6	11	10	9	6
		5	M10×1	R1/8 NPT1/8	3.5	3	15.5	15	21	8.5	6	9.5	12	9	6
		6	M10×1	R1/8 NPT1/8	4.5	4	15.5	15	21	8.5	6	9..5	12	9	6
		8	M12×1	R1/8 NPT1/8	6	4.5	16.5	17	23	8.5	7	11.5	14	12	7
	25	6	M12×1.5	R1/8 NPT1/8	4	4	17.5	19	27	8.5	7	12	14	12	7
		8	M14×1.5	R1/4 NPT1/4	6	6	23.5	21	29	12.5	7	14	17	12	7
		10	M12×1.5	R1/4 NPT1/4	8	6	23.5	22	30	12.5	8	15	19	14	8
		12	M12×1.5	R3/8 NPT3/8	10	9	26	24	32	13	8	17	22	17	8
		(14)	M12×1.5	R1/2 NPT1/2	11	11	31	25	33	17	8	18	24	19	8
		15	M12×1.5	R1/2 NPT1/2	12	11	33	28	36	17	9	21	27	19	9
		(16)	M12×1.5	R1/2 NPT1/2	14	12	35	30	39	17	9	22.5	30	22	9
	16	18	M12×1.5	R1/2 NPT1/2	15	14	36	31	40	17	9	23.5	32	24	9
		22	M30×2	R3/4 NPT3/4	19	18	39	35	44	18	10	27.5	36	27	10
	10	28	M36×2	R1 NPT1	24	23	45.5	38	47	21.5	10	30.5	41	36	10
		35	M45×2	R1¼ NPT1¼	30	30	53	45	56	24	12	34.5	50	41	12
		42	M52×2	R1½ NPT1½	36	36	59	51	63	24	12	40	60	50	12
S	40	6	M14×1.5	R1/4 NPT1/4	4	4	23.5	23	31	12.5	9	16	17	12	9
		8	M14×1.5	R1/4 NPT1/4	5	5	24.5	24	32	12.5	9	17	19	14	9
		10	M14×1.5	R3/8 NPT3/8	7	7	26	25	34	13	9	17.5	22	17	9
		12	M14×1.5	R3/8 NPT3/8	8	8	27	26	35	13	9	18.5	24	17	9
		(14)	M14×1.5	R1/2 NPT1/2	9	10	33	29	38	17	10	21.5	27	22	10
	25	16	M14×1.5	R1/2 NPT1/2	12	12	36	33	43	17	11	24.5	30	24	11
		20	M30×2	R3/4 NPT3/4	16	15	39	37	48	18	12	26.5	36	27	12
		25	M36×2	R1 NPT1	20	20	48.5	45	57	21.5	14	33	46	36	14
	16	30	M42×2	R1¼ NPT1¼	25	25	53	49	62	24	16	35.5	50	41	—
		38	M52×2	R1½ NPT1½	32	32	59	57	72	24	18	41	60	50	—

注：尽可能不采用括号内的规格。

10. 卡套式直角管接头

卡套式直角管接头包括卡套式弯通管接头、卡套式三通管接头和卡套式四通管接头。卡套式弯通管接头和接头体的结构图如图 7-13 所示。

摘自 GB/T 3740—2008

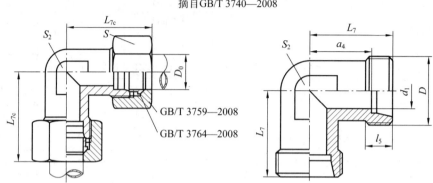

图 7-13　卡套式弯通管接头和接头体的结构图

卡套式弯通管接头和接头体的标记示例如下。

接头系列为 L 管子外径为 10 mm，表面镀锌处理的钢制卡套式弯通管接头标记为管接头 GB/T 3740　L10。

接头系列为 L，管子外径为 10 mm，表面镀锌处理的钢制卡套式弯通管接头体标记为接头体 GB/T 3740　L10。

卡套式三通管接头和接头体的结构图如图 7-14 所示。

摘自 GB/T 3745—2008

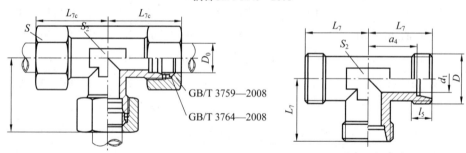

图 7-14　卡套式三通管接头和接头体的结构图

卡套式三通管接头和接头体的标记示例如下。

接头系列为 L 管子外径为 10 mm，表面镀锌处理的钢制卡套式三通管接头标记为管接头 GB/T 3745　L10。

接头系列为 L 管子外径为 10 mm，表面镀锌处理的钢制卡套式三通管接头体标记为接头体 GB/T 3745　L10。

卡套式四通管接头和接头体的结构图如图 7-15 所示。

摘自GB/T 3746—2008

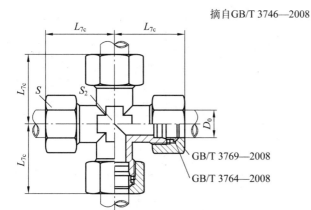 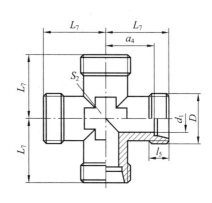

图7-15 卡套式四通管接头和接头体的结构图

卡套式四通管接头和接头体的标记示例如下。

接头系列为L，管子外径为10 mm，表面镀锌处理的钢制卡套式四通管接头标记为：管接头 GB/T 3746 L10。

接头系列为L，管子外径为10 mm，表面镀锌处理的钢制卡套式四通管接头体标记为：接头体 GB/T 3746 L10。

卡套式直角管接头和接头体的尺寸如表7-15所示。

表7-15 卡套式直角管接头和接头体的尺寸

系列	工作压力 /MPa	管子外径 D_0/mm	D	d_1 （参考） /mm	L_7 /mm	L_{7c} ±0.3 /mm	l_5 /mm	a_4 /mm	$S \approx$ /mm	S_2/mm 锻制 （min）	S_2/mm 机械加工 （max）
LL	10	4	M8×1	3	15	21	6	11	10	9	9
		5	M10×1	3.5	15	21	6	9.5	12	9	11
		6	M10×1	4.5	15	21	6	19.5	12	9	11
		8	M12×1	6	17	23	7	11.5	14	12	12
L	25	6	M12×1.5	4	19	27	7	12	14	12	12
		8	M14×1.5	6	21	29	7	14	17	12	14
		10	M16×1.5	8	22	30	8	15	17	14	17
		12	M18×1.5	10	24	32	8	17	22	17	19
		(14)	M20×1.5	11	25	33	8	18	24	19	—
		15	M22×1.5	12	28	36	9	21	27	19	—
		(16)	M24×1.5	14	30	39	9	22.5	30	22	—
	16	18	M26×1.5	15	31	40	9	23.5	32	24	—
		22	M30×2	19	35	44	10	27.5	36	27	—
	10	28	M36×2	24	38	47	10	30.5	41	36	—
		35	M45×2	30	45	56	12	34.5	50	41	—
		42	M52×2	36	51	63	12	40	60	50	—

续表

系列	工作压力 /MPa	管子外径 D_0/mm	D	d_1 （参考） /mm	L_7 /mm	L_{7c} ±0.3 /mm	l_5 /mm	a_4 /mm	$S\approx$ /mm	S_2/mm 锻制 （min）	机械加工 （max）
S	63	6	M14×1.5	4	23	31	9	16	17	12	14
		8	M16×1.5	5	24	32	9	17	19	14	17
		10	M18×1.5	7	25	34	9	17.5	22	17	19
		12	M20×1.5	8	26	35	9	18.5	24	17	22
		(14)	M22×1.5	9	29	38	10	21.5	27	22	—
	40	16	M24×1.5	12	33	43	11	24.5	30	24	—
		20	M30×2	16	37	48	12	26.5	36	27	—
		25	M36×2	20	45	57	14	33	46	36	—
	25	30	M42×2	25	49	62	16	35.5	50	41	—
		38	M52×2	32	57	72	18	41	60	50	—

注：尽可能不采用括号内的规格。

11. 卡套式过板直通管接头

卡套式过板直通管接头和接头体的结构图如图 7-16 所示。

摘自 GB/T 3748—2008

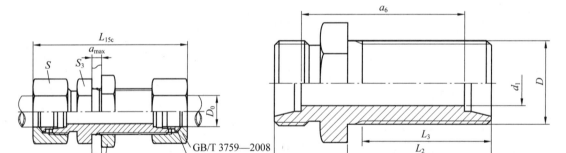

图 7-16　卡套式过板直通管接头和接头体的结构图

卡套式过板直通管接头和接头体的标记示例如下。

接头系列为 L，管子外径为 10 mm，表面镀锌处理的钢制卡套式过板直通管接头标记为：管接头 GB/T 3748　L10。

接头系列为 L，管子外径为 10 mm，表面镀锌处理的钢制卡套式过板直通管接头体标记为：接头体 GB/T 3748　L10。

卡套式过板直通管接头和接头体的尺寸如表 7-16 所示。

表7-16　卡套式过板直通管接头和接头体的尺寸

系列	最大工作压力/MPa	管子外径 D_0/mm	D	d_1（参考）/mm	L_2 ±0.2 /mm	L_3 ±0.2 /mm	L_{15} ±0.3 /mm	$L_{15c} \approx$ /mm	S /mm	S_3 /mm	a_6（参考）/mm
L	25	6	M12×1.5	4	34	30	48	64	14	17	34
		8	M14×1.5	6	34	30	49	65	17	19	35
		10	M16×1.5	8	35	31	51	67	19	22	37
		12	M18×1.5	10	36	32	53	69	22	24	39
		(14)	M20×1.5	11	37	33	54	70	24	27	40
		15	M22×1.5	12	38	34	56	72	27	27	42
		(16)	M24×1.5	14	38	34	57	75	30	30	42
	16	18	M26×1.5	15	40	36	59	77	32	32	44
		22	M30×2	19	42	37	63	81	36	36	48
	10	28	M36×2	24	43	38	65	83	41	41	50
		35	M45×2	30	47	42	72	94	50	50	51
		42	M52×2	36	47	42	74	98	60	60	52
S	63	6	M14×1.5	4	36	32	54	70	17	19	40
		8	M16×1.5	5	36	32	56	72	19	22	42
		10	M18×1.5	7	37	33	57	75	22	24	42
		12	M20×1.5	8	38	34	60	78	24	27	45
		(14)	M22×1.5	9	39	35	62	80	27	27	47
	40	16	M24×1.5	12	40	36	64	84	30	32	47
		20	M30×2	16	44	39	72	94	36	41	51
		25	M36×2	20	47	42	79	103	46	46	55
	25	30	M42×2	25	51	46	85	111	50	50	58
		38	M52×2	32	53	48	92	122	60	65	60

注：尽可能不采用括号内的规格。

12. 卡套式压力表管接头

卡套式压力表管接头和接头体的结构图如图7-17所示。

摘自GB/T 3751—2008

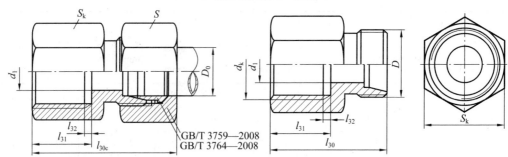

图 7-17　卡套式压力表管接头和接头体的结构图

卡套式压力表管接头和接头体的标记示例如下。

接头系列为 L，管子外径为 8 mm，表面镀锌处理的钢制卡套式压力表管接头标记为：管接头 GB/T 3751　L8。

接头系列为 L，管子外径为 8 mm，表面镀锌处理的钢制卡套式压力表管接头体标记为：接头体 GB/T 3751　L8。

卡套式压力表管接头和接头体的尺寸如表 7-17 所示。

表 7-17　卡套式压力表管接头和接头体的尺寸

系列	最大工作压力 /MPa	管子外径 D_0 /mm	D			d_k			d_1 /mm	S_k /mm	S/ mm	l_{30} /mm	l_{30c} /mm	l_{31} /mm	l_{32} (max) /mm
L	250	6	M12×1.5	M10×1	G1/8	Rp1/8	Rc1/8	NPT1/8	4.5	14	14	22	30	10	1.5
		8	M14×1.5	M14×1.5	G1/4	Rpl/4	Rc1/4	NPT1/4	6	19	17	28	36	15	2.2
		14	M20×1.5	M20×1.5	G1/2	Rpl/2	Rc1/2	NPT1/2	11	27	24	33	41	18	2.2
S	630	6	M14×1.5	M14×1.5	G1/4	Rpl/4	Rc1/4	NPT1/4	5.5	24 (19[①])	17	32	40	15	2.2
		12	M20×1.5	M20×1.5	G1/2	Rpl/2	Rc1/2	NPT1/2	8	136 (27[①])	24	38	47	18	2.2

注：（1）尽可能不采用括号内的规格；

（2）适用于连接圆柱螺纹的压力表。

7.2.3　焊接式管接头

1. 焊接式端直通管接头

焊接式端直通管接头结构图如图 7-18 所示。

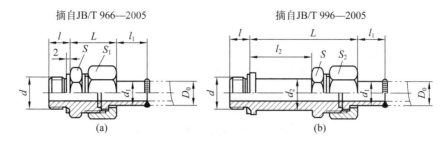

图7-18 焊接式端直通管接头结构图

焊接式端直通管接头的标记示例如下。

管子外径 D_0 为 18 mm，螺纹 M22×1.5 的焊接式端直通管接头标记为：管接头 18/M22×1.5 JB/T 966—2005。

焊接式端直通管接头尺寸如表7-18所示。

表7-18 焊接式端直通管接头尺寸

管子外径 D_0 /mm	公称直径 DN /mm	d	d_1 /mm	d_2 /mm	l /mm	l_1 /mm	l_2 /mm	L /mm	L' /mm	扳手尺寸 /mm		O形圈 /mm	垫圈 /mm	质量/kg	
										S	S_1			JB/996 —2005	JB/T 1883 —1997
6	3	M10×1	7.5	10	8	14	32	22	54	14	14	8×1.9	10	0.039	0.052
10	6	M10×1	11	10	8	16.5	35	24.5	59.5	17	19	11×1.9	10	0.060	0.082
10	6	M14×1.5	11	14	12	16.5	35	25.5	60.5	19	19	11×1.9	14	0.071	0.103
14	8	M14×1.5	16	14	12	19	43	29	72	22	27	16×2.4	14	0.143	0.210
14	8	M18×1.5	16	19	12	19	43	29	72	24	27	16×2.4	18	0.155	0.235
18	10	M18×1.5	19	19	12	21	45	33	78	27	32	20×2.4	18	0.199	0.325
18	10	M22×1.5	19	24	14	21	45	33	78	30	32	20×2.4	22	0.236	0.356
22	15	M22×1.5	22	24	14	21	48	34	82	30	36	24×2.4	22	0.270	0.436
22	15	M27×2	22	28	16	21	48	35	83	36	36	24×2.4	22	0.320	0.480
28	20	M27×2	28	28	16	24	54	37	91	36	41	30×3.1	27	0.390	0.620
28	20	M33×2	28	34	16	24	54	39	93	41	41	30×3.1	33	0.450	0.640
34	25	M33×2	34	34	16	26	65	46	111	46	50	35×3.1	33	0.600	1.000
34	25	M42×2	34	44	18	26	65	48	113	55	55	35×3.1	42	0.850	1.224
42	32	M42×2	42	44	18	28	72	50	122	55	60	40×3.1	62	1.060	1.624
42	32	M48×2	42	50	20	28	72	52	124	60	60	40×3.1	48	1.170	1.170
50	40	M48×2	50	50	20	30	78	56	134	65	70	45×3.1	48	1.670	1.670

2. 焊接式直通管接头

焊接式直通管接头结构图如图7-19所示。

摘自JB/T 966—2005

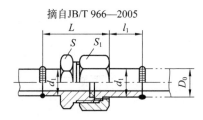

图 7-19　焊接式直通管接头结构图

焊接式直通管接头的标记示例如下。

管子外径 $D_0 = 28$ mm 的焊接式直通管接头标记为：管接头 28 JB/T 966—2005。

焊接式直通管接头的尺寸如表 7-19 所示。

表 7-19　焊接式直通管接头的尺寸

管子外径 D_0/mm	公称通径 DN/mm	d_1/mm	l_1/mm	L/mm	扳手尺寸/mm		O 形圈 /mm	质量/kg
					S	S_1		
6	3	7.5	4	30	14	14	8×1.9	0.028
10	6	11	16.5	32.5	17	19	11×1.9	0.055
14	8	16	19	41	22	27	6×2.4	0.150
18	10	19	32	45	27	32	20×2.4	0.190
22	15	22	22	48	30	36	24×2.4	0.240
28	20	28	24	53	36	41	30×3.1	0.370
34	25	34	26	62	46	50	35×3.1	0.630
42	32	42	28	68	55	60	40×3.1	1.050
50	40	50	30	76	65	70	45×3.1	1.570

注：应用无缝钢管的材料为 15 钢、20 钢，精度为普通级。

3. 焊接式分管管接头

焊接式分管管接头结构图如图 7-120 所示。

摘自JB/T 977—1977

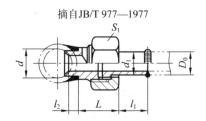

图 7-20　焊接式分管管接头结构图

焊接式分管管接头的标记示例如下。

管子外径 $D_0 = 28$ mm 的焊接式分管管接头标记为：管接头 28 JB/T 977—1977。

焊接式分管管接头尺寸如表 7-20 所示。

表 7-20 焊接式分管管接头尺寸

管子外径 D_0/mm	公称通径 DN/mm	d/mm	d_1/mm	l_1/mm	l_2/mm	L/mm	扳手尺寸 S_1/mm	O 形圈 /mm	质量 /kg
6	3	7	7.5	14	3	20	14	8×1.9	0.021
10	6	11	11	16.5	4	21.5	19	11×1.9	0.046
14	8	16	16	19	5	27	27	16×2.4	0.120
18	10	19	19	21	7	29	32	20×2.4	0.160
22	15	22	22	21	8	30	36	24×2.4	0.210
28	20	28	28	24	9	32	41	30×3.1	0.280
34	25	34	34	26	10	37	50	35×3.1	0.470
42	32	42	42	28	12	39	60	40×3.1	0.670
50	40	50	50	30	15	43	70	45×3.1	1.050

注：应用无缝钢管的材料为 15 钢、20 钢，精度为普通级

4. 焊接式直通管接头

焊接式直通管接头分为焊接式直角管接头、焊接式三通管接头、焊接式四通管接头，其结构图如图 7-21 所示。

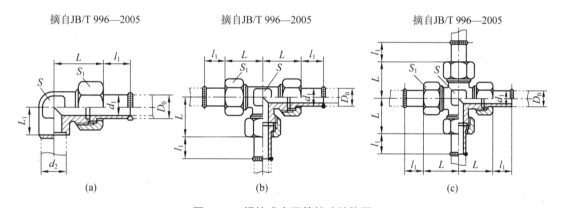

摘自JB/T 996—2005　　　摘自JB/T 996—2005　　　摘自JB/T 996—2005

(a)　　　　　　　　　(b)　　　　　　　　　(c)

图 7-21　焊接式直通管接头结构图

（a）焊接式直角管接头；（b）焊接式三通管接头；（c）焊接式四通管接头

焊接式直通管接头的标记示例如下。

管子外径 $D_0=28$ mm 的焊接式直通管接头标记为：管接头 28　JB/T 971—1977。

焊接式直通管接头尺寸如表 7-21 所示。

表7-21 焊接式直通管接头尺寸

管子外径 D_0/mm	公称通径 DN/mm	d_1/mm	l_1/mm	L/mm	扳手尺寸/mm		O形圈/mm	质量/kg		
					S	S_1		JB/T 971—1977	JB/T 972—1977	JB/T 973—1977
6	3	7.5	14	24	10	14	8×1.9	0.032	0.064	0.087
10	6	11	16.5	28.5	14	19	11×1.9	0.068	0.145	0.190
14	8	16	19	35	19	27	16×2.4	0.160	0.370	0.500
18	10	19	21	39	24	32	20×2.4	0.250	0.510	0.680
22	15	22	21	43	27	36	24×2.4	0.310	0.650	0.880
28	20	28	24	48	32	41	30×3.1	0.470	0.920	0.250
34	25	34	26	57	41	50	35×3.1	0.760	1.530	2.180
42	32	42	28	64	50	60	40×3.1	1.220	2.400	3.800
50	40	50	30	74	60	70	45×3.1	2.050	3.700	5.300

注：应用无缝钢管的材料为15钢、20钢，精度为普通级。

5. 焊接式过板管接头

焊接式过板管接头分为焊接式过板直通管接头和焊接式过板直角管接头，其结构图如图7-22所示。

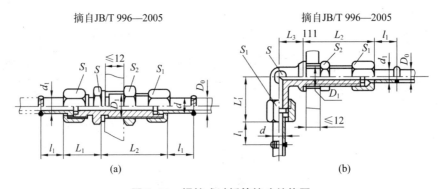

图7-22 焊接式过板管接头结构图

（a）焊接式过板直通管接头；（b）焊接式过板直角管接头

焊接式过板管接头的标记示例如下。

管子外径 D_0=28 mm 的焊接式过板管接头标记为：管接头28 JB/T 974—1977。

焊接式过板管接头尺寸如表7-22所示。

表7-22 焊接式过板管接头尺寸

管子外径 D_0 /mm	公称通径 DN /mm	d_1 /mm	D_1 /mm	l_1 /mm	L_1 /mm	L_1' /mm	L_2 /mm	L_3 /mm	扳手尺寸/mm			O形圈 /mm	质量/kg	
									S	S_1	S_2		JB/T 974—1977	JB/T 975—1977
6	3	7.5	12	14	22	26	41	15	17 (10)	14	17	8×1.9	0.077	0.096
10	6	11	16	16.5	25.5	30.5	44.5	18	22 (14)	19	22	11×1.9	0.158	0.183
14	8	16	22	19	29	38	49	23	27 (15)	27	30	16×2.4	0.344	0.366
18	10	19	27	21	33	42	51	25	32 (24)	32	36	20×2.4	0.505	0.53
22	18	22	30	21	35	46	55	28	36 (27)	36	41	24×2.4	0.600	0.67
28	20	28	36	24	39	51	57	32	41 (32)	41	50	30×3.1	0.950	1.02
34	25	34	42	26	46	61	62	38	50 (41)	50	55	35×3.1	1.680	1.97
42	32	42	52	48	68	68	44		60 (50)	60	65	40×3.1	2.03	2.53
50	40	50	60	30	54	78	74	52	70 (60)	70	75	45×3.1	3.34	2.84

注：（1）对于过板部无密封要求时 JB/T 996—2005 可省略；

（2）应用无缝钢管的材料为 15 钢、20 钢，精度为普通级；

（3）括号中的值是 JB/T 996—2005 中的 S；

（4）过板管接头主要用于管路过多成排的布置，可以把管子固定在支架上，或用于密封容器外的管路连接，用这种管接头，管子通过箱壁时，既能保持箱内密封，又能使管接头得到固定。

6. 焊接式铰接管接头

焊接式铰接管接头结构图如图7-23所示。

摘自 JB/T 978—2013

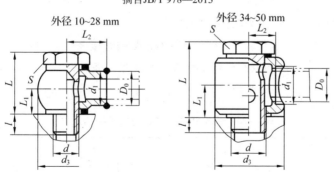

外径 10～28 mm   外径 34～50 mm

图7-23 焊接式铰接管接头结构图

焊接式铰接管接头的标记示例如下。

管子外径 D_0 =28 mm 的焊接式铰接管接头标记为：管接头 28　JB/T 978—2013。

焊接式铰接管接头尺寸如表7-23所示。

表 7-23　焊接式铰接管接头尺寸

管子外径 D_0/mm	公称通径 DN/mm	d/mm	d_1/mm	d_3/mm	l/mm	L/mm	L_1/mm	L_2/mm	扳手尺寸 S/mm	垫圈 /mm	质量/kg
10	6	M10×1	11	22	8	23	8.5	15	17	10	0.059
14	8	M14×1.5	16	28	10	29	11	20	19	14	0.103
18	10	M18×1.5	19	36	12	34	13	25	24	18	0.190
22	15	M22×1.5	22	46	14	43	17	30	30	22	0.342
28	20	M27×2	28	56	15	50	20	35	36	27	0.660
34	25	M33×2	34.8	64	16	66	27	24	41	33	1.320
42	32	M42×2	42.8	78	17	82	34	30	55	42	2.140
50	40	M48×2	50.8	90	19	94	38	33	60	48	3.330

注：应用无缝钢管的材料为 15 钢、20 钢，精度为普通级。

7. 焊接式端直通锥螺纹管接头

焊接式端直通锥螺纹管接头分为焊接式端直通螺纹管接头和焊接式端直通锥螺纹长管接头两种。

焊接式端直通锥螺纹管接头结构图如图 7-24 所示。

摘自 JB/T 966—2005

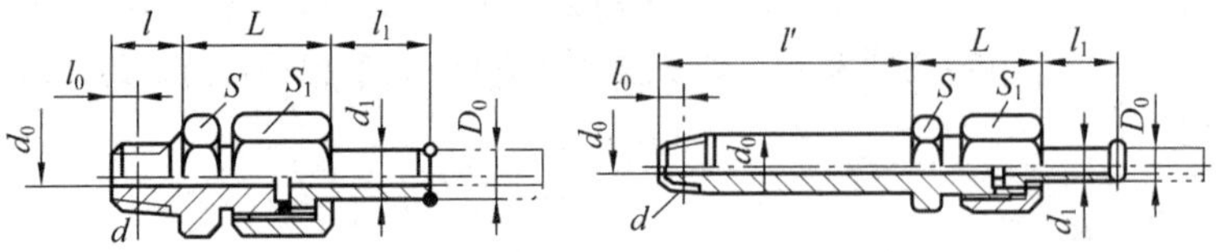

图 7-24　焊接式端直通锥螺纹管接头

（a）焊接式端直通螺纹管接头；（b）焊接式端直通锥螺纹长管接头

焊接式端直通锥螺纹管接头的标记示例如下。

管子外径 D_0 = 28 mm 的焊接式端直通锥螺纹 A 型管接头标记为：管接头 28A。

管子外径 D_0 = 28 mm 的焊接式端直通锥螺纹 B 型长管接头标记为：管接头 28B。

焊接式端直通锥螺纹管接头尺寸如表 7-24 所示。

表 7-24　焊接式端直通锥螺纹管接头尺寸

管子外径 D_0 /mm	公称通径 DN /mm	d/mm	d_0 /mm	d_1 /mm	l /mm	l' /mm	l_0 /mm	l_1 /mm	L /mm	扳手尺寸 /mm S	扳手尺寸 /mm S_1	O 形圈 /mm	质量/kg A 型	质量/kg B 型
10	6	Z1/8	6	11	9	40	4.572	16.5	24.5	16	21	11×1.9	0.060	0.094
14	8	Z1/4	8	16	14	50	5.080	19	29	21	27	16×2.4	0.140	0.180

续表

管子外径 D_0 /mm	公称通径 DN /mm	d/mm	d_0 /mm	d_1 /mm	l /mm	l' /mm	l_0 /mm	l_1 /mm	L /mm	扳手尺寸/mm S	扳手尺寸/mm S_1	O形圈/mm	质量/kg A型	质量/kg B型
18	10	Z3/8	12	19	14	55	6.096	21	33	27	34	20×2.4	0.200	0.280
22	15	Z1/2	15	22	19	65	8.128	21	34	30	36	24×2.4	0.250	0.400
28	20	Z3/4	20	28	19	65	8.611	24	37	36	41	30×3.1	0.400	0.580
34	25	Z1	25	34	24	85	10.160	26	46	46	50	35×3.1	0.780	0.100
42	32	Z1¼	32	42	24	85	10.668	28	50	55	60	40×3.1	1.200	1.400
50	40	Z1½	36	50	26	95	10.668	30	56	65	70	45×3.1	1.550	2.406

注：（1）公称压力可用至 20 MPa；

　　（2）应用无缝钢管的材料为 15 钢、20 钢，精度为普通级。

8. 直角焊接接管

直角焊接接管结构图如图 7-25 所示。

摘自JB/T 979—2013

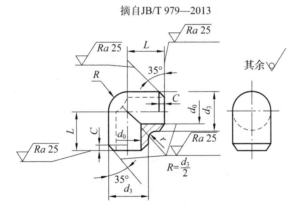

图 7-25　直角焊接接管结构图

直角焊接接管的标记示例如下。

管子外径 $D_0 = 28$ mm 的直角焊接接管标记为：接管 28　JB/T 979—2013。

直角焊接接管的尺寸如表 7-25 所示。

表 7-25　直角焊接接管的尺寸

管子外径 D_0/mm	d_0/mm	d_3/mm	L/mm	r/mm	C/mm	质量/kg
6	3	9	9	2	2	0.008
10	6	12	12			0.016
14	10	16	15			0.035
18	12	20	19	2.5	2.5	0.060
22	15	24	21		3	0.090

管子外径 D_0/mm	d_0/mm	d_3/mm	L/mm	r/mm	C/mm	质量/kg
28	20	31	25	3	4	0.150
34	25	36	30			0.250
42	32	44	35	4	5	0.400
50	36	52	40			0.690

9. 焊接式管接头接管

焊接式管接头接管结构图如图 7-26 所示。

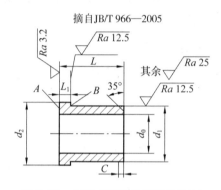

摘自 JB/T 966—2005

图 7-26　焊接式管接头接管结构图

焊接式管接头接管的标记示例如下。

管子外径 D_0 =28 mm 的焊接式管接头接管标记为：接管 28　JB/T 966—2005。

焊接式管接头接管尺寸如表 7-26 所示。

表 7-26　焊接式管接头接管尺寸

管子外径 D_0/mm	d_0/mm	d_1/mm		d_2/mm		L/mm	L_1+0.20 0/mm	C/mm	质量/kg
		尺寸	极限偏差	尺寸	极限偏差				
6	3	7.5	−0.10 −0.30	10	0 −0.36	20	3.5	1	0.005 8
10	6	11	−0.12/−0.36	14	0 −0.43	24	4.5	1.5	0.014 3
14	10	16		20		28	5		0.042 5
18	12	19	−0.14 −0.42	24.5	0 −0.52	32			0.052 1
22	15	22		27.5					0.060 0
28	20	28		33		35	6	2.5	0.095
34	25	34	−0.17 −0.50	39	0 −0.62	38		3	0.136
42	32	42		49		40		4	0.206
50	36	50		57		44	7	5	0.354

7.2.4 扩口式管接头

1. 扩口式端直通管接头

扩口式端直通管接头和接头体的结构图如图7-27所示。

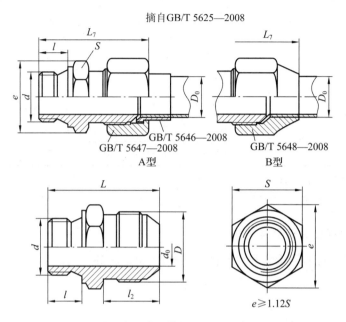

摘自GB/T 5625—2008

图 7-27 扩口式端直通管接头和接头体的结构图

扩口式端直通管接头和接头体的标记示例如下。

扩口型式 A，管子外径为 10 mm，普通螺纹 M（A）型柱端，表面镀锌处理的钢制扩口式端直通管接头标记为：管接头 GB/T 5625　A10/M14×1.5。

扩口型式 B，管子外径为 10 mm，普通螺纹 M（B）型柱端，表面镀锌处理的钢制扩口式端直通管接头体标记为：接头体 GB/T 5625　B10/M14×1.5。

扩口式端直通管接头和接头体的尺寸如表7-27所示。

表 7-27　扩口式端直通管接头和接头体的尺寸　　　　单位：mm

管子外径 D_0	d_0	d[①]	D	$L_7 \approx$ A 型	$L_7 \approx$ B 型	l	l_2	L	S
4	3	M10×1	G1/8	M10×1	31.5	36	8	12.5	26.5	14
5	3.5									
6	4			M12×1.5	35.5	40		16	30	
8	6	M12×1.5	G1/4	M14×1.5	44	52	12	18	37	17
10	8	M14×1.5		M16×1.5	45	54		19	38	19
12	10	M16×1.5	G3/8	M18×1.5	45.5	57			39	22
14	12[②]	M18×1.5		M22×1.5		61		19.5	39.5	24

管子外径 D_0	d_0	$d^①$		D	$L_7 \approx$		l	l_2	L	S
					A 型	B 型				
16	14	M22×1.5	G1/2	M24×1.5	49	65	14	20	43	30
18	15			M27×1.5		69		20.5	43.5	
20	17	M27×2	G3/4	M30×2	58.5	—	16	26	52	34
22	19			M33×2	59.5	—			56	
25	22	M33×2	G1	M36×2	64	—	18			41
28	24			M39×2	66.5	—		27.5	58.5	
32	27	M42×2	G1¼	M42×2	71	—	20	28.5	62.5	50
34	30			M45×2	71.5	—				

注：（1）①优先选用普通螺纹。

（2）②采用55°非密封的管螺纹时尺寸为10 mm。

2. 扩口式锥螺纹直通管接头

扩口式锥螺纹直通管接头和接头体的结构图如图7-28所示。

摘自GB/T 5626—2008

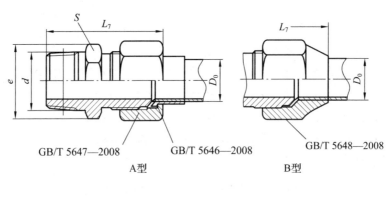

GB/T 5647—2008 GB/T 5646—2008 GB/T 5648—2008

A型 B型

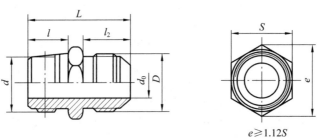

$e \geq 1.12S$

图 7-28　扩口式锥螺纹直通管接头和接头体的结构图

扩口式锥螺纹直通管接头和接头体的标记示例如下。

扩口型式 A，管子外径为 10 mm，55°密封管螺纹（R），表面镀锌处理的钢制扩口式锥螺纹直通管接头标记为：管接头 GB/T 5626　A10/R1/4。

扩口型式 B，管子外径为 10mm，55°密封管螺纹（R），表面镀锌处理的钢制扩口式锥螺纹直通管接头体标记为：接头体 GB/T 5626　B10/R1/4。

扩口式锥螺纹直通管接头和接头体的尺寸如表 7-28 所示。

表 7-28　扩口式锥螺纹直通管接头和接头体的尺寸　　　　　单位：mm

管子外径 D_0	d_0	d①		D	$L_7\approx$		l	l_2	L	S
					A 型	B 型				
4	3	R1/8	NPT1/8	M10×1	31.5	36	8.5	12.5	26.5	12
5	3.5									
6	4			M12×1.5	36	40.5		16	30	14
8	6	R1/4	NPT1/4	M14×1.5	42.5	50.5	12.5	18	36	17
10	8			M16×1.5	43.5	52.5		19	37	19
12	10	R3/8	NPT3/8	M18×1.5	45	56.5	13		38.5	22
14				M22×1.5		60.5		19.5	39	24
16	14	R1/2	NPT1/2	M24×1.5	50.5	67	17	20	44.5	27
18	15			M27×1.5		71		20.5	45	30
20	17	R3/4	NPT3/4	M30×2	58.5	—	18	26.5	52	32
22	19			M33×2	59.5	—				34
25	22	R1	NPT1	M36×2	65.5	—	21.5		57.5	41
28	24			M39×2	68	—		27.5	60	
32	27	R1¼	NPT1¼	M42×2	73	—	24	28.5	64.5	46
34	30			M45×2		—				

注：①优先选用 55°密封管螺纹。

3. 扩口式直通管接头

扩口式直通管接头和接头体的结构图如图 7-29 所示。

摘自GB/T 5628—2008

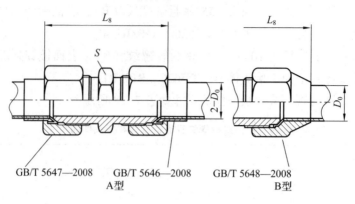

GB/T 5647—2008   GB/T 5646—2008   GB/T 5648—2008
A型   B型

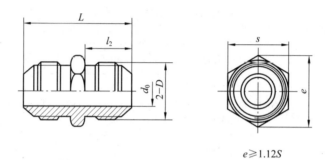

$e \geqslant 1.12S$

图7-29　扩口式直通管接头和接头体的结构图

扩口式直通管接头和接头体的标记示例如下。

扩口型式 A，管子外径为 10 mm，表面镀锌处理的钢制扩口式直通管接头标记为：管接头 GB/T 5628　A10。

扩口型式 B，管子外径为 10 mm，表面镀锌处理的钢制扩口式直通管接头体标记为：接头体 GB/T 5628　B10。

扩口式直通管接头和接头体的尺寸如表7-29所示。

表7-29　扩口式直通管接头和接头体的尺寸　　　　　　单位：mm

管子外径 D_0	d_0	D	$L_8 \approx$		l_2	L	S
			A 型	B 型			
4	3	M10×1	40	49	12.5	30	12
5	3.5						
6	4	M12×1.5	47.5	57.5	16	37	14
8	6	M14×1.5	55.5	71	18	42	17
10	8	M16×1.5	57.5	75.5	19	44	19
12	10	M18×1.5	58	81		45	22
14	12	M22×1.5		89	19.5	46	24
16	14	M24×1.5	60	92	20	48	27
18	15	M27×1.5		100	20.5	49	30

管子外径 D_0	d_0	D	$L_8 \approx$		l_2	L	S
			A 型	B 型			
20	17	M30×2	75	—			32
22	19	M33×12	76.5	—	26	62	34
25	22	M36×2	78	—			41
28	24	M39×2	83.5	—	27.5	67	
32	27	M42×2	86	—	28.5	69	46
34	30	M45×2		—			

4. 扩口式锥螺纹弯通管接头

扩口式锥螺纹弯通管接头和接头体的结构图如图 7-30 所示。

摘自GB/T 5629—2008

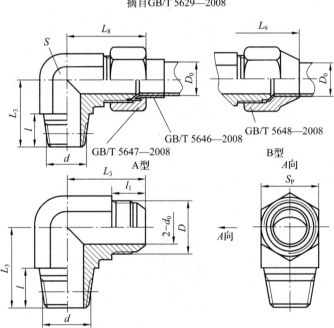

图 7-30　扩口式锥螺纹弯通管接头和接头体的结构图

扩口式锥螺纹弯通管接头和接头的标记示例如下。

扩口型式 A，管子外径为 10 mm，55°密封管螺纹（R），表面镀锌处理的钢制扩口式锥螺纹弯通管接头标记为：管接头 GB/T 5629　A10/R1/4。

扩口型式 B，管子外径为 10 mm，55°密封管螺纹（R），表面镀锌处理的钢制扩口式锥螺纹弯通管接头体标记为：接头体 GB/T 5629　B10/R1/4。

扩口式锥螺纹弯通管接头和接头体的尺寸如表 7-30 所示。

表 7-30　扩口式锥螺纹弯通管接头和接头体的尺寸　　　　　单位：mm

管子外径 D_0	d_0	$d^{①}$		D	$L_9 \approx$		l	L_3	d_4	l_1	S	
					A 型	B 型					S_F	S_P
4	3	R1/8	NPT1/8	M10×1	25.5	30	8.5	20.5	8	9.5	8	10
5	3.5											
6	4			M12×1.5	39.5	34.5		24	10	12	10	12
8	6	R1/4	NPT1/4	M14×1.5	35.5	43	12.5	28.5	11	13.5	12	14
10	8			M16×1.5	37.5	46.5		30.5	13	14.5	14	17
12	10	R3/8	NPT3/8	M18×1.5	38	49.5	13	31.5	15		17	19
14	12			M22×1.5	39.5	55		34	19	15	19	22
16	14	R1/2	NPT1/2	M24×1.5	41.5	57.5	17	35.5	21	15.5	22	24
18	15			M27×1.5	43	63		37.5	24	16	24	27
20	17	R3/4	NPT3/4	M30×2	50	—	18	43	27		27	30
22	19			M33×2	53	—		45.5	30	20	30	34
25	22	R1	NPT1	M36×2	55	—	21.5	47	33		34	36
28	24			M39×2	58.5	—		50	36	21.5	36	41
32	27	R1¼	NPT1¼	M42×2	61	—	24	52.5	39	22.5	41	46
34	30			M45×2	62.5	—		54	42		46	

注：① 优先选用 55°密封管螺纹。

5. 扩口式锥螺纹三通管接头

扩口式锥螺纹三通管接头和接头体的结构图如图 7-31 所示。

摘自GB/T 5635—2008

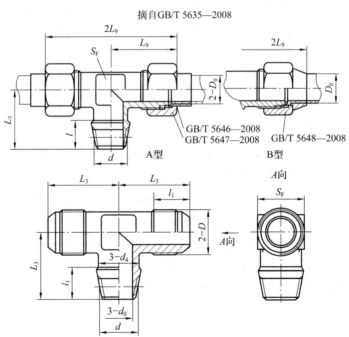

图 7-31　扩口式锥螺纹三通管接头和接头体的结构图

扩口式锥螺纹三通管接头和接头体的标记示例如下。

扩口型式 A，管子外径为 10 mm，55°密封管螺纹（R），表面镀锌处理的钢制扩口式锥螺纹三通管接头标记为：管接头 GB/T 5635　A10/R1/4。

扩口型式 B，管子外径为 10 mm，55°密封管螺纹（R），表面镀锌处理的钢制扩口式锥螺纹三通管接头体标记为：接头体 GB/T 5635　B10/R1/4。

扩口式锥螺纹三通管接头和接头的尺寸如表 7-31 所示。

表 7-31　扩口式锥螺纹三通管接头和接头体的尺寸　　　　单位：mm

管子外径 D_0	d_0	d①		D	$L_9 \approx$		l	L_3	d_4	l_1	S	
					A 型	B 型					S_F	S_P
4	3	R1/8	NPT1/8	M10×1	25.5	30	—	20.5	—	9.5	8	10
5	3.5						—					
6	4			M12×1.5	39.5	34.5	—	24	—	12	10	12
8	6	R1/4	NPT1/4	M14×1.5	35.5	43	—	28.5	—	13.5	12	14
10	8			M16×1.5	37.5	46.5	—	30.5	—	14.5	14	17
12	10	R3/8	NPT3/8	M18×1.5	38	49.5	—	31.5	—		17	19
14	12			M22×1.5	39.5	55	—	34	—	15	19	22
16	14	R1/2	NPT1/2	M24×1.5	41	57	—	35.5	—	15.5	22	24
18	15			M27×1.5	43	63	—	37.5	—	16	24	27
20	17	R3/4	NPT3/4	M30×2	50	—	—	43	—	20	27	30
22	19			M33×12	53	—	—	45.5	—		30	34
25	22	R1	NPT1	M36×2	55	—	—	47	—		34	36
28	24			M39×2	58.5	—	—	50	—	21.5	36	41
32	27	R1¼	NPT1¼	M42×2	61	—	—	52.5		22.5	41	46
34	30			M45×2	62.5	—	—	54			46	

注：① 优先选用 55°密封管螺纹。

6. 扩口式弯通管接头

扩口式弯通管接头分为扩口式直角管接头、扩口式三通管接头、扩口式四通管接头，其管接头和接头体的结构图如图 7-32 所示。

摘自GB/T 5630—2008

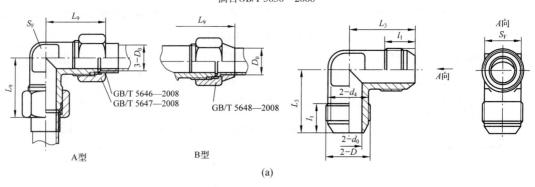

(a)

摘自GB/T 5639—2008

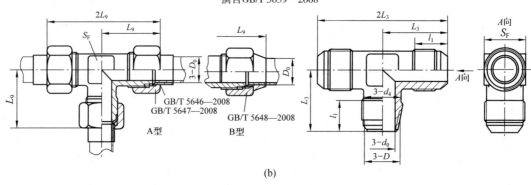

(b)

摘自GB/T 5641—2008

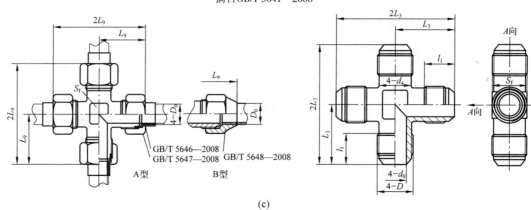

(c)

图7-32　扩口式弯管接头和接头体的结构图

（a）扩口式直角管接头；（b）扩口式三通管接头；（c）扩口式四通管接头

扩口式弯通管接头和接头体的标记示例如下。

扩口型式 A，管子外径为 10 mm，表面镀锌处理的钢制扩口式弯通管接头标记为：管接头 GB/T 5630　A10。

扩口型式 B，管子外径为 10 mm，表面镀锌处理的钢制扩口式弯通管接头体标记为：接头体 GB/T 5630　B10。

扩口式弯通管接头和接头体的尺寸如表 7-32 所示。

表 7-32　扩口式弯通管接头和接头体的尺寸　　　　单位：mm

管子外径 D_0	d_0	D	d_4	$L_9 \approx$ A 型	$L_9 \approx$ B 型	L_3	l_1	S S_F	S S_P
4	3	M10×1	8	25.5	30	20.5	9.5	8	10
5	3.5	M10×1	8	25.5	30	20.5	9.5	8	10
6	4	M12×1.5	10	29.5	34.5	24	12	10	12
8	6	M14×1.5	11	35.5	43	28.5	13.5	12	14
10	8	M16×1.5	13	37.5	46.5	30.5	14.5	14	17
12	10	M18×1.5	15	38	49.5	31.5	14.5	17	19
14	12	M22×1.5	19	39.5	55	34	15	19	22
16	14	M24×1.5	21	41	57	35.5	15.5	22	24
18	15	M27×1.5	24	43	63	37.5	16	24	27
20	17	M30×2	27	50	—	43	20	27	30
22	19	M33×12	30	53	—	45.5	20	30	34
25	22	M36×2	33	55	—	47	20	34	36
28	24	M39×2	36	58.5	—	50	21.5	36	41
32	27	M42×2	39	61	—	52.5	22.5	41	46
34	30	M45×2	42	62.5	—	54	22.5	46	46

7. 扩口式可调向端弯通管接头

扩口式可调向端弯通管接头分为扩口式可调向端直角管接头、扩口式可调向端三通管接头和扩口式可调向端直角三通管接头，其管接头和接头体的结构图如图 7-33 所示。

摘自GB/T 5631—2008

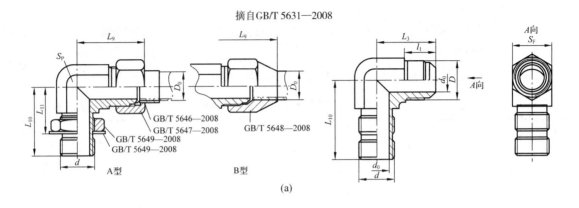

(a)

摘自GB/T 5633—2008

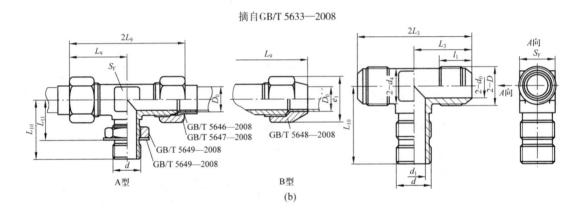

(b)

摘自GB/T 5633—2008

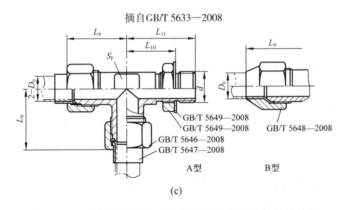

(c)

图7-33　扩口式可调向端弯通管接头和接头体的结构图

（a）扩口式可调向端直角管接头；（b）扩口式可调向端三通管接头；

（c）扩口式可调向端直角三通管接头

扩口式可调向端弯通管接头和接头体的标记示例如下。

扩口型式 A，管子外径为 10 mm，普通螺纹（M）可调向螺纹柱端，表面镀锌处理的钢制扩口式可调向端弯通管接头标记为：管接头 GB/T 5631　A10F。

扩口型式 B，管子外径为 10 mm，普通螺纹（M）可调向螺纹柱端，表面镀锌处理的钢制扩口式可调向端弯通管接头体标记为：接头体 GB/T 5631　B10F。

扩口式可调向端弯通管接头和接头体的尺寸如表 7-33 所示。

表 7-33　扩口式可调向端弯通管接头和接头体的尺寸　　　　单位：mm

管子外径 D_0	d_0	D	d	d_1 基本尺寸	d_1 极限偏差	d_4	l_1	L_3	$L_{10}\pm1$	L_{11}（参考）	$L_9\approx$ A 型	$L_9\approx$ B 型	S S_F	S S_P
4	3	M10×1	M10×1	4.5	±0.1	8	9.5	20.5	25	16.4	25.5	30	8	10
5	3.5	M10×1	M10×1	4.5	±0.1	8	9.5	20.5	25	16.4	25.5	30	8	10
6	4	M12×1.5	M10×1	4.5	±0.1	10	12	24	25	16.4	29.5	34.5	10	12
8	6	M14×1.5	M12×1.5	6	±0.1	11	13.5	28.5	31	19.9	35.5	43	12	14
10	8	M16×1.5	M14×1.5	7.5	±0.1	13	14.5	30.5	31	19.9	37.5	46.5	14	17
12	10	M18×1.5	M16×1.5	9	±0.1	15	14.5	31.5	33.5	21.9	38	49.5	17	19
14	12	M22×1.5	M18×1.5	11	±0.1	19	15	34	37.5	24.9	39.5	55	19	22
16	14	M24×1.5	M22×1.5	14	±0.1	21	15.5	35.5	41.5	28.8	41	57	22	24
18	15	M27×1.5	M22×1.5	14	±0.1	24	16	37.5	41.5	28.8	43	63	24	27
20	17	M30×2	M27×2	18	±0.2	27	20	43	48.5	32.8	50	—	27	30
22	19	M33×2	M27×2	18	±0.2	30	20	45.5	48.5	32.8	53	—	30	34
25	22	M36×2	M33×2	23	±0.2	33	20	47	51.5	35.8	55	—	34	36
28	24	M39×2	M33×2	23	±0.2	36	21.5	50	51.5	35.8	58.5	—	36	41
32	27	M42×2	M42×2	30	±0.2	39	22.5	52.5	56.5	40.8	61	—	41	46
34	30	M45×2	M42×2	30	±0.2	42	22.5	54	56.5	40.8	62.5	—	46	46

8. 扩口式组合弯通三通管接头

扩口式组合弯通三通管接头分为扩口式组合直角三通管接头和扩口式组合三通管接头，其管接头和接头的结构图如图 7-34 所示。

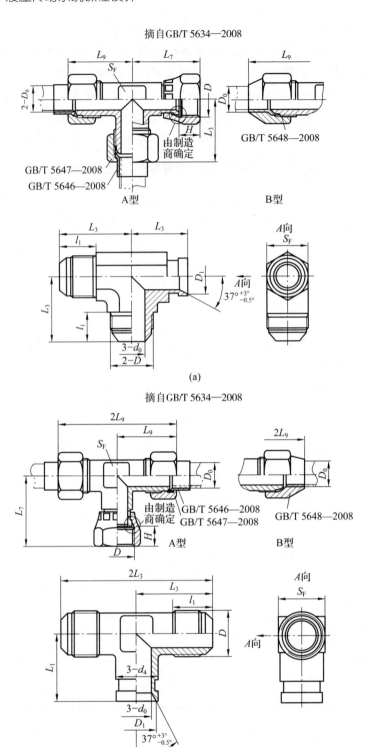

摘自GB/T 5634—2008

A型　　　　　　　　　B型

(a)

摘自GB/T 5634—2008

A型　　　　　　　　　B型

(b)

图7-34　扩口式组合弯通三通管接头和接头体的结构图

（a）扩口式组合直角三通管接头；（b）扩口式组合三通管接头

扩口式组合弯通三通管接头和接头体的标记示例如下。

扩口型式 A，管子外径为 10 mm，表面镀锌处理的钢制扩口式组合弯通三通管接头标记为：管接头 GB/T 5634 A10。

扩口型式 B，管子外径为 10 mm，表面镀锌处理的钢制扩口式组合弯通三通管接头体标记为：接头体 GB/T 5634 B10。

扩口式组合弯通三通管接头和接头体的尺寸如表7-34所示。

表7-34 扩口式组合弯通三通管接头和接头体的尺寸　　　　单位：mm

管子外径 D_0	d_0	D	D_1 ±0.13	d_4	$L_9 \approx$ A 型	$L_9 \approx$ B 型	L_1	L_3	L_7	l_1	H	S S_F	S S_P
4	3	M10×1	7.2	8	25.5	30	14	20.5	24.5	9.5	7.5	8	10
5	3.5	M10×1	7.2	8	25.5	30	16.5	20.5	24.5	9.5	7.5	8	10
6	4	M12×1.5	8.7	10	29.5	34.5	18.5	24	28.5	12	9.5	10	12
8	6	M14×1.5	10.4	11	35.5	43	22.5	28.5	33.5	13.5	10.5	12	14
10	8	M16×1.5	12.4	13	37.5	46.5	23.5	30.5	33.5	14.5	10.5	14	17
12	10	M18×1.5	14.4	15	38	49.5	24.5	31.5	36.5	14.5	10.5	17	19
14	12	M22×1.5	17.4	19	39.5	55	26.5	34	38.5	15	10.5	19	22
16	14	M24×1.5	19.9	21	41	57	27.5	35.5	40	15.5	11	22	24
18	15	M27×1.5	22.9	24	43	63	29	37.5	41.5	16	11	24	27
20	17	M30×2	24.9	27	50	—	31.5	43	47.5	16	13.5	27	30
22	19	M33×12	27.9	30	53	—	36	45.5	51	20	14	30	34
25	22	M36×2	30.9	33	55	—	38	47	53	20	14.5	34	36
28	24	M39×2	33.9	36	58.5	—	40	50	56	21.5	15	36	41
32	27	M42×2	36.9	39	61	—	42.5	52.5	58.5	22.5	15.5	41	46
34	30	M45×2	39.9	42	62.5	—	44	54	60.5	22.5	16	46	46

9. 扩口式焊接管接头

扩口式焊接管接头和接头体的结构图如图7-35所示。

摘自GB/T 5642—2008

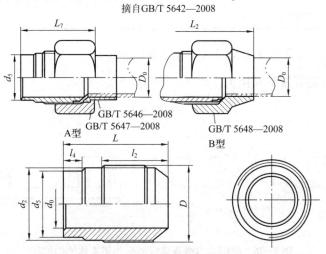

图7-35 扩口式焊接管接头和接头体的结构图

扩口式焊接管接头和接头体的标记示例如下。

扩口型式 A，管子外径为 10 mm，表面氧化处理的钢制扩口式焊接管接头标记为：管接头 GB/T 5642　A10。

扩口型式 B，管子外径为 10 mm，表面氧化处理的钢制扩口式焊接管接头体标记为：接头体 GB/T 5642　B10。

扩口式焊接管接头和接头体的尺寸如表 7-35 所示。

表 7-35　扩口式焊接管接头和接头体的尺寸　　　　　　　　单位：mm

管子外径 D_0	d_0	D	d_2	d_3	$L_7 \approx$		l_2	l_4	L
					A 型	B 型			
4	3	M10×1	8.5	6	23	27.5	9.5		18
5	3.5			7					
6	4	M12×1.5	10	8	27	31.5	12		20.5
8	6	M14×1.5	11.5	10	29	37	13.5	3	22.5
10	8	M16×1.5	13.6	12	30	41.5	14.5		23.5
12	10	M18×1.5	15.5	15		41.5	14.5		23.5
14	12	M22×1.5	19.5	18		45.5	15		24
16	14	M24×1.5	21.5	20	30.5	46.5	15.5		24.5
18	15	M27×1.5	24.5	22	31.5	51.5	16		26
20	17	M30×2	27	25	36.5	—	20	4	30
22	19	M33×12	30	28	37.5	—	20		30
25	22	M36×2	332	31	38				
28	24	M39×2	365	34	40		21.5		31.5
32	27	M42×2	39	37	41	—	22.5		32.5
34	30	M45×2	42	40		—			

10. 扩口式过板直通管接头和扩口式过板弯通管接头

扩口式过板直通管接头和接头体的结构图如图 7-36 所示。

摘自 GB/T 5643—2008

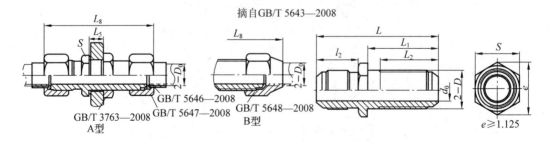

图 7-36　扩口式过板直通管接头和接头体的结构图

扩口式过板直通管接头和接头体的标记示例如下。

扩口型式 A，管子外径为 10 mm，表面镀锌处理的钢制扩口式过板直通管接头标记为：管接头 GB/T 5643　A10。

扩口型式 B，管子外径为 10 mm，表面镀锌处理的钢制扩口式过板直通管接头体标记为：接头体 GB/T 5643　B10。

扩口式过板直通管接头和接头体的尺寸如表 7-36 所示。

表 7-36　扩口式过板直通管接头和接头体的尺寸　　　　　单位：mm

| 管子外径 D_0 | d_0 | D | $L_8 \approx$ | | l_2 | L | L_1 | L_2 | L_3 max | S |
			A 型	B 型						
4	3	M10×1	61.5	70.5	12.5	51.5	34	31	20.5	14
5	3.5									
6	4	M12×1.5	71	80	16	60	38	34		
8	6	M14×1.5	77.5	93	18	64	40	35.5	21.5	17
10	8	M16×1.5	79.5	97.5	19	66	41	36.5		19
12	10	M18×1.5	81	105		68	43	38.5	23.5	22
14	12	M22×1.5		112	19.5	69.5	44	39.5	24.5	27
16	14	M24×1.5	85	117	20	73	45	40.5	25	30
18	15	M27×1.5	87.5	127.5	20.5	76.5	48	43.5	28	32
20	17	M30×2	101.5	—	26	88	53	47	28.5	36
22	19	M33×12	105	—		90	55	49	29.5	41
25	22	M36×2	109	—		93	56	50	30	
28	24	M39×2	114	—	17.5	97.5	58	52	30.5	46
32	27	M42×2	117.5	—	—	100.5	59	53		50
34	30	M45×2	120	—	28.5	102.5	60	54	31	

扩口式过板弯通管接头和接头体的结构图如图 7-37 所示。

摘自GB/T 5644—2008

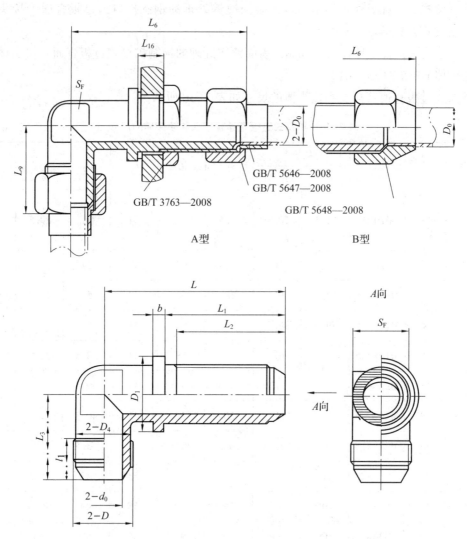

图7-37 扩口式过板弯通管接头和接头体的结构图

扩口式过板弯通管接头和接头体的标记示例如下。

扩口型式 A，管子外径为 10 mm，表面镀锌处理的钢制扩口式过板弯通管接头标记为：管接头 GB/T 5644　A10。

扩口型式 B，管子外径为 10 mm，表面镀锌处理的钢制扩口式过板弯通管接头体标记为：接头体 GB/T 5644　B10。

扩口式过板弯通管接头和接头体的尺寸如表7-37所示。

表7-37 扩口式过板弯通管接头和接头体的尺寸 单位：mm

管子外径 D_0	d_0	D	d_4	$L_6 \approx$ A型	$L_6 \approx$ B型	$L_9 \approx$ A型	$L_9 \approx$ B型	l_1	L	L_1	L_2	L_3	L_{16} (max)	D_1	b	S S_F	S S_P
4	3	M10×1	8	56	60.5	25.5	30	9.5	46	34	31	20.5	20.5	14	3	8	10
5	3.5																
6	4	M12×1.5	10	63.5	68.5	29.5	34.5	12	52	38	34	24		17		10	12
8	6	M14×1.5	11	69.5	69.57	35.5	43	13.5	56	40	35.5	28.5	21.5	19		12	14
10	8	M16×1.5	13	71.5	80.5	37.5	46.5	14.5	58	41	36.5	30.5		21	4	14	17
12	10	M18×1.5	15	75	86.5	38	49.5		62	43	38.5	31.5	23.5	23		17	19
14	12	M22×1.5	19	75.5	91	39.5	55	15	64	44	39.5	34	24.5	27		19	22
16	14	M24×1.5	21	73	95	41.5	57.5	15.5	67	45	40.5	35.5	25	29		22	24
18	15	M27×1.5	24	83	103	43	63	16	72	48	43.5	37.5	28	32		24	27
20	17	M30×2	27	84.5	—	50	—		78	53	47	43	28.5	35		27	30
22	19	M33×12	30	96.5	—	53	—	20	82	55	49	45.5	29.5	39	5	30	34
25	22	M36×2	33	102	—	55	—		86	56	50	47	30	42		34	36
28	24	M39×2	36	105	—	58.5	—	21.5	88	58	52	50	30.5	45		36	41
32	27	M42×2	39	112	—	61	—	22.5	95	59	53	52.5		48		41	46
34	30	M45×2	42	113.5	—	62.5	—		96	60	54	54	31	51		46	

11. 扩口式组合直角管接头

扩口式组合直角管接头和接头体的结构图如图7-38所示。

摘自GB/T 5632—2008

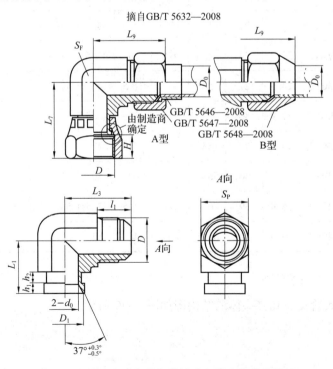

图7-38 扩口式组合直角管接头和接头体的结构图

扩口式组合直角管接头和接头体的标记示例如下。

扩口型式 A，管子外径为 10 mm，表面镀锌处理的钢制扩口式组合弯通管接头标记为：管接头 GB/T 5632　A10。

扩口型式 B，管子外径为 10 mm，表面镀锌处理的钢制扩口式组合弯通管接头体标记为：接头体 GB/T 5632　B10。

扩口式组合直角管接头和接头体的尺寸如表 7-38 所示。

表 7-38　扩口式组合直角管接头和接头体的尺寸　　　　　单位：mm

管子外径 D_0	d_0	D	D_1 ±0.13	d_4	$L_9 \approx$		L_1	L_3	L_7	l_1	H	S	
					A 型	B 型						S_F	S_P
4	3	M10×1	7.2	8	25.5	30	14	20.5	24.5	9.5	7.5	8	10
5	3.5						16.5						
6	4	M12×1.5	8.7	10	29.5	34.5	18.5	24	28.5	12	9.5	10	12
8	6	M14×1.5	10.4	11	35.5	43	22.5	28.5	33.5	13.5	10.5	12	14
10	8	M16×1.5	12.4	13	37.5	46.5	23.5	30.5				14	17
12	10	M18×1.5	14.4	15	38	49.5	24.5	31.5	36.5	14.5		17	19
14	12	M22×1.5	17.4	19	39.5	55	26.5	34	38.5	15		19	22
16	14	M24×1.5	19.9	21	41.5	57.5	27.5	35.5	40	15.5	11	22	24
18	15	M27×1.5	22.9	24	43	63	29	37.5	41.5	16		24	27
20	17	M30×2	24.9	27	50	—	31.5	43	47.5		13.5	27	30
22	19	M33×12	27.9	30	53	—	36	45.5	51	20	14	30	34
25	22	M36×2	30.9	33	55	—	38	47	53		14.5	34	36
28	24	M39×2	33.9	36	58.5	—	40	50	56	21.5	15	36	41
32	27	M42×2	36.9	39	61	—	42.5	52.5	58.5	22.5	15.5	41	46
34	30	M45×2	39.9	42	62.5	—	44	54	60.5	—	16	46	

12. 扩口式压力表管接头

扩口式压力表管接头和接头体的结构图如图 7-39 所示。

摘自GB/T 5645—2008

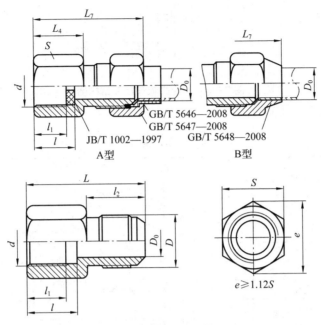

图7-39　扩口式压力表管接头和接头体的结构图

扩口式压力表管接头和接头体的标记示例如下。

扩口型式 A，管子外径为 10 mm，表面镀锌处理的钢制扩口式压力表管接头标记为：管接头 GB/T 5645　A10。

扩口型式 B，管子外径为 10 mm，表面镀锌处理的钢制扩口式压力表管接头体标记为：接头体 GB/T 5645　B10。

扩口式压力表管接头和接头体的尺寸如表 7-39 所示。

表7-39　扩口式压力表管接头和接头体的尺寸　　　　　　单位：mm

管子外径 D_0	d_0	d		D	l	l_1	L_2	L	L_4	$L_9 \approx$		S
										A 型	B 型	
6	4	M10×1	G1/8	M12×1.5	10.5	5.5	16	30.5	14.5	36	41	14
		M14×1.5	G1/4		13.5	8.5		33.5	17.5	39	44	17
14	12	M20×1.5	G1/2	M22×1.5	19	12	19.5	40	24	45.5	50	24
								43.5		49.5	65	

7.2.5　液压软管接头

液压软管接头包括卡套式软管接头、焊接式或快换式软管接头。

1. 卡套式软管接头

卡套式软管接头结构图如图 7-40 所示。

摘自GB/T 9065.2—2010

图7-40 卡套式软管接头结构图

卡套式软管接头尺寸如表7-40所示。

表7-40 卡套式软管接头尺寸   单位：mm

软管内径	d_0（参数）	D_0		L_{min}	卡套式管接头 d_0
		公称尺寸	极限偏差		
5	3.5	6	±0.060	28	4
6.3	4	8	±0.075	28	6
8	6	10		30	8
10	7.5	12	±0.090	30	10
12.5	10	14		32	12
16	13	18		31	15
19	15	22	±0.105	36	19
22	18.5	25		38	22
25	21	28		38	24
31.5	27	34	±0.125	41	30
38	33	42		42	36

2. 焊接式或快换式软管接头

焊接式或快换式软管接头结构图如图7-41所示。

摘自GB/T 8606—2003

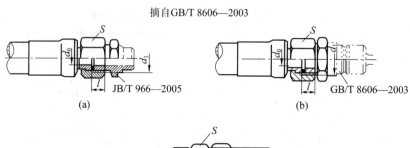

(a)　　　　　　　　　　　　　　(b)

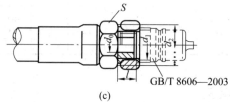

(c)

图7-41 焊接式或快换式软管接头结构图

（a）A型（焊接式）；（b）A型（快换式）；（c）B型（快换式）

焊接式或快换式软管接头尺寸（1）如表7-41所示。

表 7-41　焊接式或快换式软管接头尺寸（1）　　　　　　　　单位：mm

软管内径	d_0（参考）	d_1	l	S	焊接式管接头 d_0	快换接头公称通径
5	3.5	M12×1.25	8	16	3	—
6.3	4	M14×1.5		18	—	6.3
8	6	M16×1.5	8.5	21	6	—
10	7.5	M18×1.5		24	—	10
12.5	10	M22×1.5	10	27	10	—
		M27×1.5①		34	—	12.5
16	13	M27×1.5		34	12	—
19	15	M30×1.5	11	36	15	20
22	18.5	M36×2	13	41	20	—
25	21	M39×2		46	—	2.5
31.5	27	M42×2	15	50	25	—
		M52×2①		60	—	31.5
38	33	M52×2	17	60	32	—
		M60×2①		70	—	40
51	45	M60×2②	23	75	—	—

注：（1）①为与液压快换接头连接使用的螺纹尺寸；

　　（2）②为焊接式管接头标准中所缺少的螺纹，由使用者自行配制或协商定货。

焊接式或快换式软管接头尺寸（2）如表 7-42 所示。

表 7-42　焊接式或快换式软管接头尺寸（2）　　　　　　　　单位：mm

软管内径	d_0（参考）	d_1	d_2	l	S	快换接头公称通径
6.3	4	M12×1.5	18	10	18	6.3
10	7.5	M18×1.5	24	12	24	10
12.5	10	M22×1.5	30	14	30	12.5
19	15	M27×2	34	17	34	20
25	21	M33×2	41	17	41	25
31.5	27	M42×2	50	17.5	50	31.5
38	33	M50×2	60	19.5	60	40
51	45	M60×2	70	23	70	50

7.2.6 快换接头

快换接头用于需要经常更换、转接的场合，可以直接插拔。

快换接头结构图如图 7-42 所示。

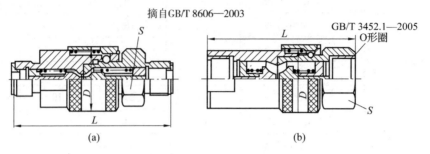

图 7-42 快换接头结构图

（a）A 型；（b）B 型

快换接头的标记示例如下。

公称通径 6.3 为，Ⅰ 型螺纹连接型标记为：快换接头 QC　Ⅰ 型 6.3 GB/T 8606。

公称通径 6.3 为，Ⅱ 型螺纹连接型标记为：快换接头 QC　Ⅱ 型 6.3 GB/T 8606。

快换接头尺寸如表 7-43 所示。

表 7-43　快换接头尺寸

公称通径 /mm	尺寸			最大工作压力 /MPa	最低爆破压力 /MPa	L/mm	D/mm	S/mm	质量/kg
	Ⅰ 型	Ⅱ 型	O 形圈/mm						
6.3	M14×1.5	M12×1.5	12.5×1.8	31.5	126	78	29	21	0.3
10	M18×1.5	M18×1.5	18×1.8	31.5	126	80	31	24	0.3
12.5	M27×1.5	M22×1.5	25×1.8	25	100	100	38	34	0.5
20	M30×1.5	M27×2	28×1.8	25	100	110	46	36	0.8
25	M39×2	M33×2	33.5×2.65	20	80	128	53	46	1.4
31.5	M52×2	M42×2	42.5×2.65	20	80	160	68	60	2.8
40	M60×2	M50×2	50×2.65	16	64	190	81	70	4.8
50	—	M60×2	60×2.65	10	40	204	97	80	7

7.3　密　封　装　置

密封装置的设计选型原则：首先根据密封部件的使用条件和对密封件的要求，如最高使用压力、最大速度、负载变化、作业环境、使用寿命等，选择合适的与之相匹配的密封件结构形式，然后再根据所用工作介质的种类和最高使用温度，正确选择密封件的材料。常用密封材料与工作介质的适应性和使用温度如表 7-44 所示。

表 7-44　常用密封材料与工作介质的适应性和使用温度

密封材料	石油基液压油和矿物基润滑脂	抗燃性液压油			使用温度范围/℃	
		水-油乳化液	水-乙二醇基	磷酸酯基	静密封	动密封
丁腈橡胶（NBR）	○	○	○	×	-40～100	-40～80
聚氨酯橡胶（U）	○	△	×	×	-30～80	-20～60
氟橡胶（FPM）	○	○	○	×	-30～150	-30～100
硅橡胶（Q）	○	○	×	△	-60～260	-50～260
聚四氟乙烯（PTFE）	○	○	○	○	-100～260	-100～260

注：○—好，△—不太好，×—不好。

7.3.1　O 形橡胶密封圈

O 形橡胶密封圈（简称 O 形密封圈）适用于装在各种液压设备上，具有结构简单、密封性能好、寿命长、摩擦阻力较小、成本低的特性，既可作为静密封，也可作为动密封使用。在一般情况下静密封可靠使用压力可达 35 MPa，动密封可靠使用压力可达 10 MPa，当合理采用密封挡圈或其他组合形式时，可靠使用压力将能成倍提高。

O 形密封圈结构图及型号说明如图 7-43 所示。

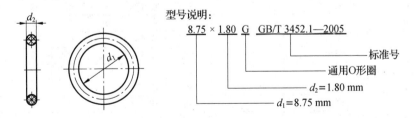

图 7-43　O 形密封圈结构图及型号说明

通用 O 形密封圈的形式、尺寸及公差如表 7-45 所示，摘自 GB/T 3542.1—2005。

表 7-45　通用 O 形密封圈的形式、尺寸及公差　　　　单位：mm

d_1		d_2					d_1		d_2				
尺寸	公差±	1.8±0.08	2.65±0.09	3.55±0.10	5.3±0.13	7±0.15	尺寸	公差±	1.8±0.08	2.65±0.09	3.55±0.10	5.3±0.13	7±0.15
1.8	0.13	※					18	0.25	※	※	※		
2	0.13	※					19	0.25	※	※	※		
2.24	0.13	※					20	0.26	※	※	※		
2.5	0.13	※					20.6	0.26	※	※	※		
2.8	0.13	※					21.2	0.27	※	※	※		
3.15	0.14	※					22.4	0.28	※	※	※		
3.55	0.14	※					23	0.29	※	※	※		
3.75	0.14	※					23.6	0.29	※	※	※		
4	0.14	※					24.3	0.30	※	※	※		
4.5	0.15	※					25	0.30	※	※	※		
4.75	0.15	※					25.8	0.31	※	※	※		
4.87	0.15	※					26.5	0.31	※	※	※		
5	0.15	※					27.3	0.32	※	※	※		
5.15	0.15	※					28	0.32	※	※	※		
5.3	0.15	※					29	0.33	※	※	※		
5.6	0.16	※					30	0.34	※	※	※		
6	0.16	※					31.5	0.35	※	※	※		
6.3	0.16	※					32.5	0.36	※	※	※		
6.7	0.16	※					33.5	0.36	※	※	※		
6.9	0.16	※					34.5	0.37	※	※	※		
7.1	0.16	※					35.5	0.38	※	※	※		
7.5	0.17	※					36.5	0.38	※	※	※		
8	0.17	※					37.5	0.39	※	※	※		
8.5	0.17	※					38.7	0.40	※	※	※		
8.75	0.18	※					40	0.41	※	※	※	※	
9	0.18	※					41.2	0.42	※	※	※	※	
9.5	0.18	※					42.5	0.43	※	※	※	※	
9.75	0.18	※					43.7	0.44	※	※	※	※	
10	0.19	※					45	0.44	※	※	※	※	
10.6	0.19	※	※				46.2	0.45	※	※	※	※	
11.2	0.20	※	※				47.5	0.46	※	※	※	※	
11.6	0.20	※	※				48.7	0.47	※	※	※	※	
11.8	0.19	※	※				50	0.48	※	※	※	※	
12.1	0.21	※	※				51.5	0.49		※	※	※	
12.5	0.21	※	※				53	0.50		※	※	※	
12.8	0.21	※	※				54.5	0.51		※	※	※	
13.2	0.21	※	※				56	0.52		※	※	※	
14	0.22	※	※				58	0.54		※	※	※	
14.5	0.22	※	※				60	0.55		※	※	※	
15	0.22	※	※				61.5	0.56		※	※	※	
15.5	0.23	※	※				63	0.57			※	※	※
16	0.23	※	※				65	0.58			※	※	※
17	0.24	※	※				67	0.60			※	※	※
69	0.61		※	※	※		185	1.39			※	※	※

续表

d1		d2					d1		d2				
尺寸	公差±	1.8±0.08	2.65±0.09	3.55±0.10	5.3±0.13	7±0.15	尺寸	公差±	1.8±0.08	2.65±0.09	3.55±0.10	5.3±0.13	7±0.15
71	0.63		※	※	※		187.5	1.41			※	※	※
73	0.64		※	※	※		190	1.43			※	※	※
75	0.65		※	※	※		195	1.46			※	※	※
77.5	0.67		※	※	※		200	1.49		※	※	※	※
80	0.69		※	※	※		203	1.51				※	※
82.5	0.71		※	※	※		206	1.53				※	※
85	0.72		※	※	※		212	1.57				※	※
87.5	0.74		※	※	※		218	1.61				※	※
90	0.76		※	※	※		224	1.65				※	※
92.5	0.77		※	※	※		227	1.67				※	※
95	0.79		※	※	※		230	1.69				※	※
97.5	0.81		※	※	※		236	1.73				※	※
100	0.82		※	※	※		239	1.75				※	※
103	0.85		※	※	※		243	1.77				※	※
106	0.87		※	※	※		250	1.82				※	※
109	0.89		※	※	※	※	254	1.84				※	※
112	0.91		※	※	※	※	258	1.87				※	※
115	0.93		※	※	※	※	261	1.89				※	※
118	0.95		※	※	※	※	265	1.91				※	※
122	0.97		※	※	※	※	268	1.92				※	※
125	0.99		※	※	※	※	272	1.96				※	※
128	1.01		※	※	※	※	276	1.98				※	※
132	1.04		※	※	※	※	280	2.01				※	※
136	1.07		※	※	※	※	283	2.03				※	※
140	1.09		※	※	※	※	286	2.05				※	※
142.5	1.11		※	※	※	※	290	2.08				※	※
145	1.13		※	※	※	※	295	2.11				※	※
147.5	1.14		※	※	※	※	300	2.14				※	※
150	1.16	※	※	※	※		303	2.16				※	※
152.5	1.18			※	※	※	307	2.19				※	※
155	1.19			※	※	※	311	2.21				※	※
157.5	1.21			※	※	※	315	2.24				※	※
160	1.23			※	※	※	320	2.27				※	※
162.5	1.24			※	※	※	325	2.30				※	※
165	1.26			※	※	※	330	2.33				※	※
167.5	1.28			※	※	※	335	2.36				※	※
170	1.29			※	※	※	340	2.40				※	※
172.5	1.31			※	※	※	345	2.43				※	※
175	1.33			※	※	※	350	2.46				※	※
177.5	1.34			※	※	※	355	2.49				※	※
180	1.36			※	※	※	360	2.52				※	※
182.5	1.38			※	※	※	365	2.56				※	※
370	2.59				※	※	487	3.33					※

d_1		d_2					d_1		d_2				
尺寸	公差±	1.8±0.08	2.65±0.09	3.55±0.10	5.3±0.13	7±0.15	尺寸	公差±	1.8±0.08	2.65±0.09	3.55±0.10	5.3±0.13	7±0.15
375	2.62				※	※	493	3.36					※
379	2.64				※	※	500	3.41					※
383	2.67				※	※	508	3.46					※
387	2.70				※	※	515	3.50					※
391	2.72				※	※	523	3.55					※
395	2.75				※	※	530	3.60					※
400	2.78				※	※	538	3.65					※
406	2.82					※	545	3.69					※
412	2.85					※	553	3.74					※
418	2.89					※	560	3.78					※
425	2.93					※	570	3.85					※
429	2.96					※	589	3.91					※
433	2.99					※	590	3.97					※
437	3.01					※	600	4.03					※
443	3.05					※	608	4.08					※
450	3.09					※	615	4.12					※
456	3.13					※	623	4.17					※
462	3.17					※	630	4.22					※
466	3.19					※	640	4.28					※
470	3.22					※	650	4.34					※
475	3.25					※	660	4.40					※
479	3.28					※	670	4.47					※
483	3.30					※							

注：表中"※"表示包括的规格。

O 形密封圈所用沟槽的形式如表 7-46 所示，O 形密封圈沟槽尺寸如表 7-47 所示，O 形密封圈沟槽尺寸公差如表 7-48 所示，O 形密封圈沟槽的表面粗糙度如表 7-49 所示，密封挡圈形式、尺寸及材料如表 7-50 所示。

表 7-46 O 形密封圈所用沟槽的形式

径向密封		轴向密封	
活塞密封沟槽		受内部压力的沟槽	
活塞杆密封沟槽		受外部压力的沟槽	
带挡圈的沟槽			

表7-47 **O形密封圈沟槽尺寸** 单位：mm

				1.80	2.65	3.55	5.30	7.00
径向密封沟槽尺寸	O形密封圈截面直径 d_2			1.80	2.65	3.55	5.30	7.00
	沟槽宽度	气动动密封		2.2	3.4	4.6	6.9	9.3
		液压动密封或静密封	b	2.4	3.6	4.8	7.1	9.5
			b_1	3.8	5.0	6.2	9.0	12.3
			b_2	5.2	6.4	7.6	10.9	15.1
	沟槽深度 t	活塞密封（计算 d_3 用）	液压动密封	1.35	2.10	2.85	4.35	5.85
			气动动密封	1.40	2.15	2.95	4.5	6.1
			静密封	1.32	2.0	2.9	4.31	5.85
		活塞杆密封（计算 d_6 用）	液压动密封	1.35	2.10	2.85	4.35	5.85
			气动动密封	1.4	2.16	2.95	4.5	6.1
			静密封	1.32	2.0	2.9	4.31	5.85
	最小导角长度 Z_{min}			1.1	1.5	1.8	2.7	3.6
	沟槽底圆角半径 r_1			0.2~0.4		0.4~0.8		0.8~1.2
	沟槽棱圆角半径 r_2			0.1~0.3				
轴向密封沟槽尺寸	O形密封圈截面直径 d_2			1.80	2.65	3.55	5.30	7.00
	沟槽宽度 b			2.6	3.8	5.0	7.3	9.7
	沟槽深度 h			1.28	1.97	2.75	4.24	5.72
	沟槽底圆角半径 r_1			0.2~0.4		0.4~0.8		0.8~1.2
	沟槽棱圆角半径 r_2			0.1~0.3				
	受内部压力时，沟槽外径 $d_7 = d_1 + 2d_2$ 受外部压力时，沟槽内径 $d_8 = d_1$							

表 7-48　O 形密封圈沟槽尺寸公差　　　　　单位：mm

| 沟槽尺寸 | O 形密封圈截面直径 d_2 | | | | |
	1.80	2.65	3.55	5.30	7.00
缸内径 d_4	+0.06 0	+0.07 0	+0.02 0	+0.08 0	+0.11 0
沟槽槽底直径（活塞杆密封）d_3	0 -0.04	0 -0.05	0 -0.06	0 -0.07	0 -0.09
总公差值 d_4+d_3	0.10	0.12	0.14	0.16	0.20
活塞直径 d_0	F7				
活塞直径 d_5	-0.01 -0.05	-0.02 -0.07	-0.03 -0.09	-0.03 -0.10	-0.03 -013
沟槽槽底直径（活塞杆密封）d_6	+0.06 0	+0.07 0	+0.08 0	+0.09 0	+0.011 0
叫公差值 d_5+d_6	0.10	0.12	0.14	0.16	0.20
轴向密封时沟槽外径 d_7	H11				
轴向密封时沟槽内径 d_8	H11				
O 形密封圈沟槽宽度 b、b_1、b_2	+0.25 0				
轴向密封时沟槽深度 h	+0.10 0				

（左侧竖排：沟槽尺寸公差）

表 7-49　O 形密封圈沟槽的表面粗糙度　　　　　单位：mm

| 表面 | 应用情况 | 应力状况 | 表面粗糙度 | | 表面 | 应用场合 | 应力状况 | 表面粗糙度 | |
			Ra	Ra_{max}				Ra	Ra_{max}
沟槽的底面和侧面	静密封	无交变，无脉冲	3.2 (1.6)	12.5 (6.3)	配合表面	静密封	无交变，无脉冲	1.6 (0.8)	6.3 (3.2)
		交变或脉冲	1.6	6.3			交变或脉冲	0.8	3.2
	动密封	—	1.6 (0.8)	6.3 (3.2)		动密封	—	0.4	1.6
					导角表面			3.2	12.5

注：括号内的数字为要求精度较高的场合应用。

表7-50 密封挡圈形式、尺寸及材料   单位：mm

O形密封圈公称内径 d_1	d_2	挡圈材料	$d^{+0.14}_{-0.01}$	$D^{+0.01}_{-0.14}$	T
1.8~50	1.8				1.25~1.35
7.1~180	2.65		等于O形密封圈的公称内径 d_1	等于O形密封圈的公称内径 d_1 加2倍的 d_2	1.25~1.35
18~200	3.55	聚四氟乙烯			1.25~1.35
41.2~400	5.3				1.75~1.85
109~670	7.0				2.65~2.75

注：使用压力达70 MPa时也可用于回转和螺旋运动。

O形密封圈形式如图7-44所示。

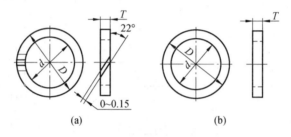

图7-44 O形密封圈形式

（a）切口式；（b）整体式

7.3.2 液压缸活塞及活塞杆用高低唇 Y_x 形密封圈

Y形密封圈中的高低唇 Y_x 形密封圈（简称 Y_x 形密封圈）是液压缸中最为常用的密封结构。此种密封圈通常采用聚氨酯橡胶材料制成，具有耐磨、使用寿命长的特性，适用于工作压力小于31.5 MPa、运动速度小于0.5 m/s、工作温度在-80~-40 ℃、工作介质为矿物质液压油的环境。

1）标记示例

Y_x 形密封圈的标记示例如下。

（1）孔用，公称外径 $D=50$ mm，材质为聚氨酯-4的孔用 Y_x 形密封圈标记为：Y_x 形密封圈 D50 聚氨酯-4，JB/ZQ 4264—2006。

（2）轴用，公称内径 $d=50$ mm，材质为聚氨酯-3的轴用 Y_x 形密封圈标记为：Y_x 形密封圈 d50 聚氨酯-3，JB/ZQ 4265—2006。

2）孔用 Y_x 形密封圈

孔用 Y_x 形密封圈结构图如图7-45所示。

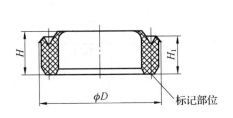
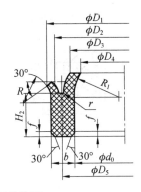

图7-45　孔用 Y_x 形密封圈结构图

孔用 Y_x 形密封圈的标记示例如下。

公称外径 $D=50$ mm，材质为聚氨酯-4 的孔用 Y_x 形密封圈 D50 标记为：D50 聚氨酯-4 JB/ZQ 4264—2006。

孔用 Y_x 形密封圈尺寸如表7-51所示。

表7-51　孔用 Y_x 形密封圈尺寸　　　　　　　单位：mm

公称外径 D	d_0	b	D_1	D_2	D_3	D_4	D_5	H	H_1	H_2	R	R_1	r	f
32	23.8		33.9	32	25.2	22	28.1							
40	31.8	4	41.9	40	33.2	30	36.1	10	9	6	6	15	0.5	1.0
50	41.8		51.9	50	43.2	40	46.1							
60	47.7		62.6	59.4	50.3	45.3	54.2							
80	67.7	6	82.6	79.4	70.3	65.3	74.2	14	12.6	8.5	8	22	0.7	1.5
100	87.7		102.6	99.4	90.3	85.3	94.2							
110	97.7		112.6	109.4	100.3	95.3	104.2							
125	112.7	6	127.6	124.4	115.3	110.3	119.2	14	12.5	8.5	9	22	0.7	1.5
160	147.7		162.6	159.4	150.3	145.3	154.2							
180	163.6		183.6	179.4	166.8	160.3	172.3							
200	183.6	8	203.6	199.5	186.8	180.3	192.3	18	16	10.5	10	26	1	2
250	233.6		253.6	249.5	236.8	230.3	242.3							
320	295.5		325.2	318.7	300.7	290.7	308.4							
400	375.5	12	405.2	398.7	380.7	370.7	388.4	24	22	14	14	32	1.5	2.5
500	475.5		505.2	498.7	480.7	470.7	488.4							

3）孔用 Y_x 形密封圈沟槽

孔用 Y_x 形密封圈沟槽结构图如图7-46所示。

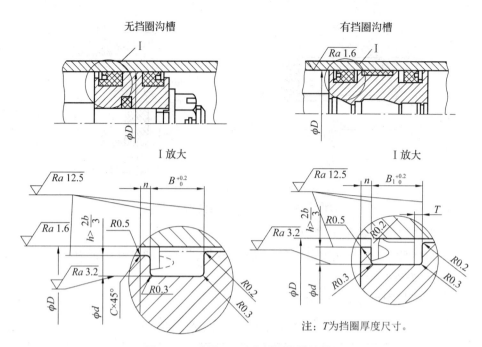

无挡圈沟槽　　　　　　　　有挡圈沟槽

注：T为挡圈厚度尺寸。

图 7-46　孔用 Y_x 形密封圈沟槽结构图

孔用 Y_x 形密封圈沟槽形式与尺寸如表 7-52 所示。

表 7-52　孔用 Y_x 形密封圈沟槽形式与尺寸　　　单位：mm

孔用 Y_x 形密封圈外径 D	d[①]	B	B_1	n	b[②]	C	孔用 Y_x 形密封圈外径 D	d[①]	B	B_1	n	b[②]	C
32	24	12	13.5	4	4	0.5	180	164	20	22.5	6	8	1.5
40	32						200	184					
50	42						250	234					
60	48	16	18	5	6	1	320	296	26.5	30	7	12	2
80	68						400	376					
100	88						500	476					
110	98												
125	113												
160	148												

注：(1) ①的公差推荐按 h9 或 h10 选取；

　　(2) ②为孔用 Y_x 形密封圈截面厚度。

4）孔用 Y_x 形密封圈挡圈

孔用 Y_x 形密封圈挡圈结构图如图 7-47 所示。

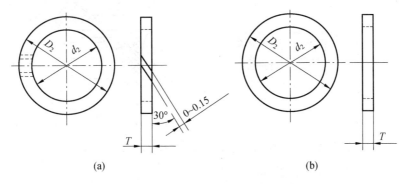

(a)　　　　　　　　　　　　　　(b)

图 7-47　孔用 Y_x 形密封圈挡圈结构图

（a）切口式；（b）整体式

孔用 Y_x 形密封圈挡圈形式与尺寸如表 7-53 所示。

表 7-53　孔用 Y_x 形密封圈挡圈形式与尺寸　　　　单位：mm

孔用 Y_x 形密封圈公称外径 D	挡圈						孔用 Y_x 形密封圈公称外径 D	挡圈					
	D_2		d_2		T			D_2		d_2		T	
	基本尺寸	极限偏差	基本尺寸	基本尺寸	基本尺寸	基本尺寸		基本尺寸	极限偏差	基本尺寸	基本尺寸	基本尺寸	基本尺寸
32	32	—	24	+0.045 0	1.5	±0.1	160	160	-0.060 -0.165	148	+0.08 0	2	±0.15
40 50	40 50		32 42	+0.050 0			180	180		164			
60 80	60 80	-0.040 0.120	48 68	+0.06 0	2	±0.15	200 250	200 250	-0.075 -0.195	184 234	+0.09 0	2.5	
100 110	100 100	-0.050 -0.140	88 98	+0.07 0			320	320	-0.090 -0.225	296	+0.10 0	3	±0.20
125	125	-0.060 -0.165	113				400	400	-0.105 -0.225	376	+0.12 0		

5）轴用 Y_x 形密封圈

轴用 Y_x 形密封圈结构图如图 7-48 所示。

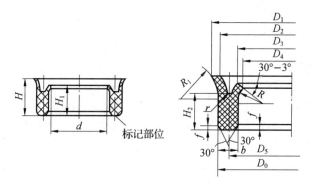

图 7-48　轴用 Y_x 形密封圈结构图

轴用 Y_x 形密封圈尺寸如表 7-54 所示。

表 7-54　轴用 Y_x 形密封圈尺寸　　　　　　　　单位：mm

公称内径 d	D_0	b	D_1	D_2	D_3	D_4	D_5	H	H_1	H_2	R	R_1	r	f
22	28.2		29.4	27.3	22.1	20.7	25							
25	31.2	3	32.4	30.3	25.1	23.7	28	8	7	4.6	5	14	0.3	0.7
28	34.2		35.4	33.3	28.1	26.7	31							
30	38.2		40	36.3	30	28.1	33.9							
32	40.2		42	38.8	32	30.1	35.9							
35	43.2		45	41.8	35	33.1	38.9							
36	44.2		46	42.8	36	34.1	39.9							
40	48.2	4	50	46.8	40	38.1	43.9	10	9	6	6	15	0.5	1
45	53.2		55	51.8	45	43.1	48.9							
50	58.2		60	56.8	50	48.1	53.9							
55	63.2		65	61.8	55	53.1	58.9							
56	64.2		66	62.8	56	54.1	59.9							
60	72.3		74.7	69.7	60.6	57.4	65.8							
63	75.3		77.7	72.7	63.6	60.4	68.8							
65	77.3		79.7	74.7	65.6	62.4	70.8							
70	82.3		84.7	79.7	70.6	67.4	75.8							
75	87.3		89.7	84.7	75.6	75.4	80.8							
80	92.3		94.7	89.7	80.6	77.4	85.8							
85	97.3		99.7	94.7	85.6	82.4	90.8							
90	102.3		104.7	99.7	90.6	87.4	95.8							
95	107.3		109.7	104.7	95.6	92.4	100.8							
100	112.3	6	114.7	109.7	100.6	97.4	105.8	14	12.5	8.5	8	22	0.7	1.5
105	117.3		119.7	114.7	105.6	102.4	110.8							
110	122.3		124.7	119.7	110.6	107.4	115.8							
120	132.3		134.7	129.7	120.6	117.4	125.8							
125	137.3		139.7	134.7	125.6	122.7	130.8							
130	142.3		144.7	139.7	130.6	127.4	135.8							
140	152.3		154.7	149.7	140.6	137.4	145.8							
150	162.3		164.7	159.7	150.6	147.4	155.8							
160	172.3		174.7	169.7	160.6	157.4	165.8							

续表

公称内径 d	D_0	b	D_1	D_2	D_3	D_4	D_5	H	H_1	H_2	R	R_1	r	f
170	186.4		189.7	183.2	170.5	166.4	177.7							
180	196.4		199.7	193.2	180.5	176.4	187.7							
190	200.4		209.7	203.2	190.5	186.4	197.7							
200	216.4	8	219.7	213.2	200.5	196.4	207.7	18	16	10.5	10	26	1	2
220	236.4		239.7	233.2	220.5	216.4	227.7							
250	266.4		269.7	263.2	250.5	246.4	257.7							
280	296.4		299.7	293.2	280.5	276.4	287.7							
300	316.4		319.7	313.2	300.5	296.4	307.7							
320	344.5		349.3	339.3	321.3	314.8	331.6							
340	364.5		369.3	359.3	341.3	334.8	351.6							
360	384.5	12	389.3	379.3	361.3	354.8	371.6	21	22	14	14	32	1.5	2.5
380	404.5		409.3	399.3	381.3	374.8	391.6							
400	424.5		429.3	419.3	401.3	394.8	411.6							

6）轴用 Y_x 形密封圈沟槽

轴用 Y_x 形密封圈沟槽结构图如图7-49所示。

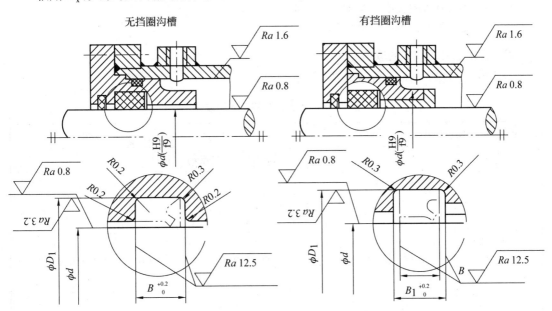

图7-49 轴用 Y_x 形密封圈沟槽结构图

轴用 Y_x 形密封圈沟槽尺寸如表7-55所示。

表 7-55　轴用 Y_x 形密封圈沟槽尺寸　　　　　　单位：mm

轴用 Y_x 形密封圈公称内径 d	D_1	B	B_1	轴用 Y_x 形密封圈公称内径 d	D_1	B	B_1	轴用 Y_x 形密封圈公称内径 d	D_1	B	B_1
22	28	9	10.5	70	82			170	186		
25	31			7	87			180	196		
28	34			80	92			190	206		
30	38	12	13.5	85	97			200	216	20	22.5
32	40			90	102			220	236		
35	43			95	107			250	266		
36	44			100	112			280	296		
40	48			105	117	16	18	300	316		
45	53			110	122			320	344		
50	58			120	132			340	364	26.5	30
55	63			125	137			360	384		
56	64			130	142			380	404		
60	72	16	18	140	152			400	424		
63	75			150	162						
65	77			160	172						

注：（1）沟槽 D_1 的公差推荐按 H9 或 H10 选取；

（2）轴与孔的公差配合可按间隙值 c 选取。

7）最大密封间隙 c 的取值

最大密封间隙 c 的取值如表 7-56 所示。

表 7-56　最大密封间隙 c 的取值

邵氏硬度/Hs	60～70		>70～80		>80～90	
工作压力/MPa	公称配合（间隙 c）/mm					
	3、4、6	8、12	3、4、6	8、12	3、4、6	8、12
0～2.5	$\dfrac{H9}{d9}$ (0.06～0.18)	$\dfrac{H9}{d9}$ (0.18～0.30)	$\dfrac{H10}{d10}$ (0.09～0.24)	$\dfrac{H10}{d10}$ (0.24～0.45)	$\dfrac{H10}{d10}$ (0.10～0.28)	$\dfrac{H10}{d10}$ (0.18～0.52)
>2.5～8	$\dfrac{H8}{f8}$ (0.03～0.09)	$\dfrac{H8}{f8}$ (0.09～0.15)	$\dfrac{H9}{f9}$ (0.05～0.12)	$\dfrac{H9}{f9}$ (0.12～0.20)	$\dfrac{H9}{f9}$ (0.06～0.18)	$\dfrac{H9}{f9}$ (0.18～0.31)

续表

邵氏硬度/Hs	60 ~ 70		>70 ~ 80		>80 ~ 90	
>8 ~ 16	—	—	$\dfrac{H8}{f8}$ (0.03 ~ 0.09)	$\dfrac{H8}{f8}$ (0.08 ~ 0.15)	$\dfrac{H8}{d8}$ (0.04 ~ 0.12)	$\dfrac{H8}{d8}$ (0.09 ~ 0.18)
>16 ~ 31.5	—	—	—	—	$\dfrac{H8}{d7}$ (0.03 ~ 0.08)	$\dfrac{H8}{d7}$ (0.08 ~ 0.12)

注：括号中的密封间隙 c 值在选用时，密封圈直径小的取最小值。

8）轴用 Y_x 形密封圈挡圈

轴用 Y_x 形密封圈挡圈结构图如图7-50所示。

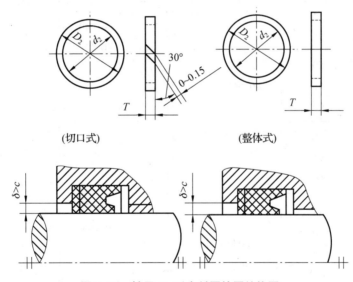

（切口式）　　　　　　　　（整体式）

图7-50　轴用 Y_x 形密封圈挡圈结构图

轴用 Y_x 形密封圈挡圈形式与尺寸如表7-57所示。

表 7-57　轴用 Y_x 形密封圈挡圈形式与尺寸　　　　　单位：mm

轴用 Y_x 形密封圈公称内径 d	挡　圈					
	d_2		D_2		T	
	基本尺寸	极限偏差	基本尺寸	极限偏差	基本尺寸	极限偏差
22	22	+0.045 0	28	−0.025 −0.085	1.5	±0.1
25	25		31	−0.032 −0.100		
28	28		34			
30	30		38			
32	32	+0.050 0	40			
35	35		43			
36	36		44			
40	40		48			
45	45	+0.05 0	53	−0.040 −0.120	1.5	±0.1
50	50		58			
55	55		63			
56	56		64			
60	60	+0.060 0	72			
63	63		75		2	±0.15
65	65		77			
70	70		82			
75	75		87			
80	80		92			
85	85	+0.070 0	97	−0.050 0.140		
90	90		102			
95	95		107			
100	100		112			
105	105		117			

续表

轴用 Y_x 形密封圈公称内径 d	挡　圈					
	d_2		D_2		T	
	基本尺寸	极限偏差	基本尺寸	极限偏差	基本尺寸	极限偏差
110	110	+0.07	122			
120	120	0	132			
125	125		137	−0.060		
130	130		142	−0.165		±0.15
140	140	+0.08	152		2	
150	150	0	162	−0.060		
160	160		172	−0.165		
170	170		186			
180	180		196			
190	190		206	−0.075		
200	200	+0.09	216	−0.195		
220	220	0	236			
250	250		266			
280	280		296	−0.090		
300	300	+0.10	316	−0.225		±0.15
320	320	0	344		2.5	
340	340		364			
360	360		384	−0.105		
380	380	+0.12	404	−0.225		
400	400	0	424			

7.3.3　组合密封圈

组合密封圈重点介绍液压缸活塞杆及活塞用脚形滑环式组合密封。

脚形滑环式组合密封系脚形滑环与O形密封圈组合使用，适用于液压往复运动密封。由于液压缸工作条件不同，在使用时可采用不同材质的O形密封圈及滑环，该组合密封的规格及适用条件如表7-58所示。

表 7-58　组合密封的规格及适用条件

规格范围	适用条件			
D/mm	压力/MPa	温度/℃	速度/(m·s⁻¹)	介质
20 ~ 500	0 ~ 100	−55 ~ 250	6	空气、氢、氧、氮、水、水-乙二醇、矿物质液压油、酸、碱等

1）型号说明

组合密封圈的型号说明如下。

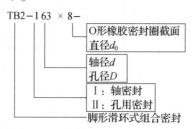

2）活塞杆（轴）用脚形滑环式组合密封

活塞杆（轴）用脚形滑环式组合密封结构图如图 7-51 所示。

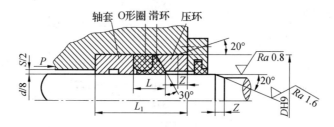

图 7-51　活塞杆（轴）用脚形滑环式组合密封结构图

活塞杆用组合密封尺寸如表 7-59 所示。

表 7-59　活塞杆用组合密封尺寸　　　　　　　单位：mm

d	D	L	d_0	S	Z
10 ~ 50	$d+10$	8.2	5.3		3
28 ~ 95	$d+15$	12.8	8.0	0.2	4
56 ~ 140	$d+20$	16.8	10.6		5
100 ~ 200	$d+25$	20.5	13.0		7
160 ~ 280	$d+30$	25.5	16.0	0.4	7
320 ~ 420	$d+40$	33.0	21.0		10

注：表中 L 尺寸由用户按单组或多组密封自定。

3）活塞（孔）用脚形滑环式组合密封

活塞（孔）用脚形滑环式组合密封结构图如图 7-52 所示。

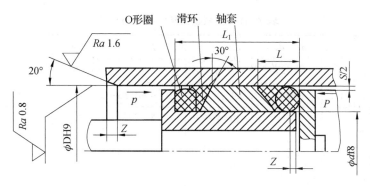

图 7-52 活塞（孔）用脚形滑环式组合密封结构图

活塞（孔）用脚形滑环式组合密封尺寸如表 7-60 所示。

表 7-60 活塞（孔）用脚形滑环式组合密封尺寸 单位：mm

D	d	L	d_0	S	Z
20 ~ 63	D−10	8.2	5.3		3
50 ~ 100	D−15	12.8	8.0	0.2	4
70 ~ 180	D−20	16.8	10.6		5
					7
125 ~ 250	D−25	20.5	13.0		7
200 ~ 360	D−30	25.5	16.0	0.4	10
400 ~ 500	D−40	33.0	21.0		—

注：表中 L 尺寸由用户自定。

7.3.4 轴用 J 形防尘圈

轴用 J 形防尘圈适用于活塞杆或阀杆等外露处防尘。轴用 J 形防尘圈结构图如图 7-53 所示。

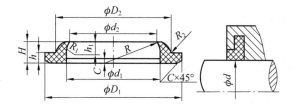

标记示例：
1. 活塞杆直径 d=50 用的 J 形防尘圈；
2. J 形防尘圈 50；
3. 材料：聚氨酯橡胶。

图 7-53 轴用 J 形防尘圈结构图

轴用 J 形防尘圈规格尺寸如表 7-61 所示。

表 7-61 轴用 J 型防尘圈规格尺寸 单位：mm

d	d_1	d_2	D_1	d_1、d_2、D_1 允差	D_2	C	H		h		h_1	R	R_1	R_2
							公差	允差	公差	允差				
18	18.6	16.2	31.8	±0.4	24	1	6	-0.3	3	-0.2	3.8	15	4.5	1.5
20	21	17	43		30									
25	26	22	48	±0.5	35									
30	31	27	53		40									
40	41	37	63		50									
50	51	47	73		60	1.5	10	-0.5	5	-0.3	6.4	25	7	2.5
55	56	52	78		65									
60	61	57	83	±0.6	70									
70	71	67	93		80									
80	81	77	103		90									
90	91.5	85.5	124.5		105									
100	101.5	95.5	134.5		115									
110	111.5	105.5	144.5	±0.8	125									
120	121.5	115.5	154.5		135	2.3	15	-0.7	7.5	-0.5	9.4	37.5	11	3.5
140	141.5	135.5	174.5		155									
160	161.5	155.5	194.5	±1	175									
180	181.5	175.5	214.5		195									
200	201.5	195.5	234.5	±1.2	215									

7.4 过滤器

过滤器的功能是清除液压系统工作介质中的固体污染物，使工作介质保持清洁，延长器件的使用寿命、保证液压元件工作性能可靠。75% 左右的液压系统故障是由介质的污染造成的。因此，过滤器对液压系统来说是不可缺少的重要辅件。

7.4.1 过滤器的主要性能参数及类型

1. 过滤器的主要性能参数

过滤器的主要性能参数如下。

（1）过滤精度。过滤精度也称为绝对过滤精度，是指油液通过过滤器时，能够穿过滤芯的球形污染物的最大直径（即过滤介质的最大孔口尺寸数值），单位为 mm。

（2）过滤能力。过滤能力也称为通油能力，指在一定压差下允许通过过滤器的最大流量。

（3）纳垢容量。纳垢容量是指过滤器在压力将达到规定值以前，可以滤出并容纳的污染物数量。过滤器的纳垢容量越大，使用寿命越长。一般来说，过滤面积越大，其纳垢容量也越大。

（4）工作压力。不同结构形式的过滤器允许的工作压力不同，选择过滤器时应考虑允许的最高工作压力。

（5）允许压力降。油液经过过滤器时，要产生压力降，其值与油液的流量、黏度和混入油液的杂质数量有关。为了保持滤芯不被破坏或系统的压力损失不致过大，要限制过滤器最大允许压力降。过滤器的最大允许压力降取决于滤芯的强度。

2. 过滤器的名称、用途、安装、类别、形式及效果

过滤器的名称、用途、安装、类别、形式及效果如表 7-62 所示。

表 7-62　过滤器的名称、用途、安装、类别、形式及效果

名称	用途	安装位置（参考图 7-54 中标号）	精度类别	滤材形式	效果
吸油过滤器	保护液压缸	3	粗过滤器	网式、线隙式滤芯	特精过滤器
高压过滤器	保护缸下游元件不受污染	6	精过滤器	纸质、不锈钢纤维滤芯	能滤掉 1～5 μm 颗粒
回油过滤器	降低油液污染度	5	精过滤器	纸质、纤维滤芯	精过滤器
离线过滤器	连续过滤保持清洁度	8	精过滤器	纸质、纤维滤芯	能滤掉 5～10 μm 颗粒
泄油过滤器	防止污染物进入油箱	4	普通过滤器	网式滤芯	普通过滤器
安全过滤器	保护污染抵抗力低的元件	7	特精过滤器	纸质、纤维滤芯	能滤掉 10～100 μm 颗粒
空气过滤器	防止污染物随空气侵入	2	普通过滤器	多层叠加式滤芯	粗过滤器
注油过滤器	防止注油时侵入污染物	1	粗过滤器	网式滤芯	能滤掉 100 μm 以上铁屑颗粒
磁性过滤器	清除油液中的铁屑	10	粗过滤器	磁性体	—
水过滤器	清除冷却水中的杂质	9	粗过滤器	网式滤芯	

过滤器的安装位置标示图如图7-54所示。

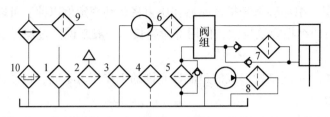

图7-54 过滤器的安装位置标示图

3. 推荐液压系统的清洁度和过滤精度

推荐液压系统的清洁度和过滤精度如表7-63所示。

表7-63 推荐液压系统的清洁度和过滤精度

工作类别	系统举例	油液清洁度		要求过滤精度/μm
		ISO 4406	NAS 1638	
极关键	高性能伺服阀、航空航天实验室、导弹、飞机控制系统	12/9 13/10	3 4	1 1~3
关键	工业用伺服阀、飞机数控机床、液压舵机、位置控制装置、电液精密液压系统	14/11 15/12	5 6	3 3~5
很重要	比例阀、柱塞泵、注塑机、潜水艇、高压系统	16/13	7	10
重要	叶片泵、齿轮泵、低速马达、液压阀、叠加阀、插装阀、机床、油压机、船舶等中高压液压系统	17/14 18/15	8 9	20 1~20
一般	车辆、土方机械、物料搬运液压系统	19/16	10	20~30
普通保护	重型设备、水压机、低压系统	20/17 21/16	11 12	30 30~40

7.4.2 吸油过滤器

吸油过滤器重点介绍WU型网式过滤器。

WU型网式过滤器一般安装在液压泵吸油管端部，起保护泵的作用，具有结构简单、通油能力大、阻力小、易清洗等优点，缺点是过滤精度低。

1）型号说明

WU型网式过滤器的型号说明如下。

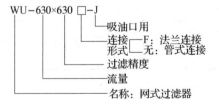

2）技术规格

WU 型网式过滤器技术规格如表 7-64 所示。

表 7-64 WU 型网式过滤器技术规格

型号	过滤精度/μm	压力损失/MPa	流量/(L·min⁻¹)	通径/mm	连接形式
WU-16×180			16	12	
WU-25×180			25	15	
WU-40×180			40	20	螺纹连接
WU-63×180			63	25	
WU-100×180	180	≤0.01	100	32	
WU-160×180			160	40	
WU-250×180F			250	50	
WU-400×180F			400	65	法兰连接
WU-630×180F			630	80	

3）外形尺寸

WU 型网式过滤器结构图如图 7-55 所示。

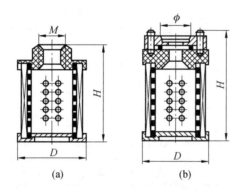

图 7-55 WU 型网式过滤器结构图

（a）管式；（b）法兰式

WU 型网式过滤器外形尺寸如表 7-65 所示。

表 7-65 WU 型网式过滤器外形尺寸   单位：mm

型号	M	φ	H	D
WU-16×*-J	M18×1.5		84	35
WU-25×*-J	M22×1.5		104	43
WU-40×*-J	M27×2	—	124	
WU-63×*-J	M33×2		103	70
WU-100×*-J	M42×2		153	
WU-160×*-J	M48×2		200	82

型号	M	ϕ	H	D
WU-250×＊F-J		50	203	88
WU-400×＊F-J	—	65	250	105
WU-630×＊F-J		80	302	113

7.4.3 回油过滤器

回油过滤器重点介绍 XU 型线隙式过滤器。

XU 型线隙式过滤器一般安装在回油路或液压泵吸油口处，可安装压差发讯装置，当压差达到 3.5×10^5 Pa 时发出信号，一边清洗或更换滤芯。这种过滤器阻力小、通油能力大，但不易清洗。

1）型号说明

XU 型线隙式过滤器型号说明如下。

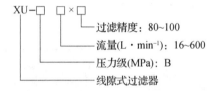

2）技术规格

XU 型线隙式过滤器技术规格如表 7-66 所示。

表 7-66 XU 型线隙式过滤器技术规格

型号	通径/mm	流量/(L·min^{-1})	压力/MPa	压力降/MPa
XU-B16×100	15			
XU-B32×100	25	16		
XU-B50×100	25	32		
XU-B80×100	32	50		
		80		
XU-B160×100	40	160		
XU-B200×100	40	200	2.5	>0.06
2XU-B32×100	25	32		
2XU-B160×100	50	160		
2XU-B400×100	65	400		
3XU-B48×100	25	48		
3XU-B240×100	50	240		
3XU-B600×100	80	600		

3）外形尺寸

XU 型线隙式过滤器结构图如图 7-56 所示。

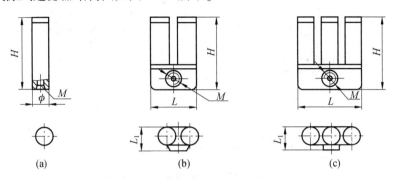

图 7-56　XU 型线隙式过滤器结构图

（a）XU-B 型；（b）2XU-B 型；（c）3XU-B 型

XU 型线隙式过滤器外形尺寸如表 7-67 所示。

表 7-67　XU 型线隙式过滤器外形尺寸　　　　单位：mm

型号	H	ϕ	L	L_1	接口 M
XU-B16×100	100	43			M22×1.5
XU-B32×100	110	74	—	—	M33×2
XU-B50×100	170				
XU-B80×100	230	83			M42×2
XU-B160×100	300	123			M48×2
XU-B200×100	370				M33×2
2XU-B32×100	151		96	66	
2XU-B160×100	310		170	102	M60×2
2XU-B400×100	466	—	226	121	M72×2
3XU-B48×100	151		146	66	M33×2
3XU-B240×100	310		260	100	M60×2
3XU-B600×100	484		356	121	M90×2

7.4.4　压力管路过滤器

压力管路过滤器重点介绍 ZU 型纸质过滤器。

ZU 型纸质过滤器比一般其他类型过滤器过滤精度高，可滤除油液中的微细杂质。这种过滤器有用于高压管路上和低压管路上的两种，可安装压差发讯器。

1）型号说明

ZU 型纸质过滤器的型号说明如下。

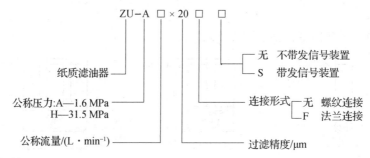

2）技术规格

ZU 型纸质过滤器技术规格如表 7-68 所示。

表 7-68　ZU 型纸质过滤器技术规格

型号	通径/mm	公称流量/(L·min⁻¹)	公称压力/MPa	压力降/MPa	型号	通径/mm	公称流量/(L·min⁻¹)	公称压力/MPa	压力降/MPa
ZU-A10×※S	10	10		≤0.05	ZU-H10×※S	15	10		0.08
ZU-A25×※S	15	25			ZU-H25×※S		25		
ZU-A40×※S	20	40		≤0.07	ZU-H40×※S	20	40		0.1
ZU-A63×※S	25	63			ZU-H63×※S		63		
ZU-A100×※S	32	100	1.6		ZU-H100×※S	25	100	31.5	
ZU-A160×※S	40	160		≤0.12	ZU-H160×※S	35	160		0.15
ZU-A250×※FS	50	250			ZU-H250×※FS	38	250		
ZU-A400×※FS	65	400		≤0.15	ZU-H400×※FS	50	400		0.2
ZU-A630×※FS	80	630			ZU-H630×※FS	53	630		

3）外形尺寸

ZU 型纸质过滤器结构图如图 7-57 所示。

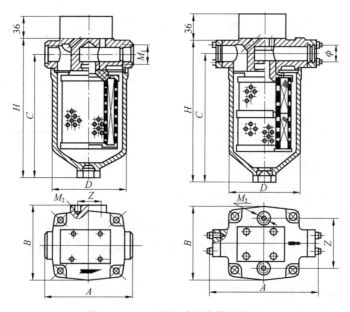

图 7-57　ZU 型纸质过滤器结构图

ZU 型纸质过滤器外形尺寸如表 7-69 所示。

表 7-69　ZU 型纸质过滤器外形尺寸　　　　　单位：mm

型号	A	B	C	D	H	Z	M_1	M_2	ϕ
ZU-A10×※S	88	86	150	76	202	36	M18×1.5	M6	
ZU-A25×※S	120	110	182	94	239	30	M22×1.5		—
ZU-A40×※S			242	96	296		M27×2		
ZU-A63×※S	146	130	254	114	313	55	M33×2	M8	
ZU-A100×※S	150		358		406		M42×2		
ZU-A160×※S	170	134	380	134	419	65	M48×2		
ZU-A250×※FS	226	156	485	156	561	115	—	M10	54
ZU-A400×※FS	238	168	625	168	706	140		M12	70
ZU-A630×※FS	264	198	742	198	831	160			85

7.5　蓄能器

蓄能器是液压系统中用来储存、释放能量的装置，其主要用途为：可作为辅助液压源在短时间内提供一定数量的压力油，满足系统对速度、压力的要求，如可实现某支路液压缸的增速、保压、缓冲、吸收液压冲击、降低液压脉动、减少系统驱动功率等功能。

1. 蓄能器的种类及特点

蓄能器的种类及特点如表 7-70 所示。

表 7-70　蓄能器的种类及特点

种类		结构简图	特点	用途	安装要求
气体加载式	气囊式		油气隔离，油不易氧化，油中不易混入气体，反应灵敏，尺寸小，质量轻；气囊及壳体制造较困难，橡胶气囊要求温度范围是-20~70℃	折合型气囊容量大，适于蓄能；波纹型气囊用于吸收冲击	一般充惰性气体（如氮气）；油口应向下垂直安装；管路之间应设置开关（在充气、检查、调节时使用）
	活塞式		油气隔离，工作可靠，寿命长，尺寸小，但反应不灵敏，缸体加工和活塞密封性能要求较高；有定型产品	蓄能，吸收脉动	

种类		结构简图	特点	用途	安装要求
气体加载式	气瓶式		容量大，惯性小，反应灵敏，占地小，没有摩擦损失；但气体易混入油内，影响液压系统运行的平稳性，必须经常灌注新气，且附属设备多，一次投资大	适用于需大流量中、低压回路的蓄能	一般充惰性气体（如氮气）；油口应向下垂直安装；管路之间应设置开关（在充气、检查、调节时使用）
重锤式			结构简单，压力稳定；体积大，笨重，运动惯性大，反应不灵敏，密封处易漏油，有摩擦损失	仅作蓄能用，在大型固定设备中采用；在轧钢设备中仍广泛采用（如轧辊平衡等）	柱塞上升极限位置应设安全装置或信号指示器，应均匀地安置重物
弹簧式			结构简单，容量小，反应较灵敏；不宜用于高压，不适于循环频率较高的场合	仅供小容量及低压 $p \leqslant 12$ MPa 系统作蓄能器及缓冲用	应尽量靠近振动源

2. 各种蓄能器的性能及用途

各种蓄能器的性能及用途如表7-71所示。

表7-71 各种蓄能器的性能及用途

形式			性能						用途		
			响应	噪声	容量限制	最大压力/MPa	漏气	温度/℃	能否用于蓄能	能否用于吸收脉动冲击	能否用于传递异性液体
气体加载式	隔离式	可挠式 气囊式	良好	无	有（480 L左右）	35	无	-10 ~ +120	能	能	能
		可挠式 隔膜式	良好	无	有(0.95 ~ 11.4 L)	7	无	-10 ~ +70	能	能	能
		可挠式 直通气囊式	好	无	有	21	无	-10 ~ +70	否	很好	否
		非可挠式 金属波纹管式	良好	无	有	21	无	-50 ~ +120	能	可	否
		非可挠式 活塞式	不太好	有	可做成较大容量	21	少量	-50 ~ +120	能	不太好	能
		非可挠式 差动活塞式	不太好	有	可做成较大容量	45	无	-50 ~ +120	能	不太好	否
	非隔离式		良好	无	可做成大容量	5	有	无特别限制	能	能	否
重力加载式			不好	有	可做成较大容量	45	—	-50 ~ +120	能	不好	否
弹簧加载式			不好	有	有	1.2	—	-50 ~ +120	能	不太好	否

7.5.1 气囊式蓄能器

1）型号说明

气囊式蓄能器的型号说明如下。

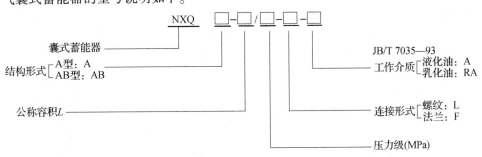

2）规格及外形尺寸

气囊式蓄能器的结构图如图7-58所示。

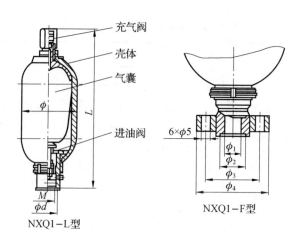

图 7-58 气囊式蓄能器的结构图

气囊式蓄能器规格及外形尺寸如表 7-72 所示。

表 7-72 气囊式蓄能器规格及外形尺寸

型号	压力/MPa	容积/L	基本尺寸									质量/kg
			M	d/mm	ϕ_1/mm	ϕ_2/mm	ϕ_3/mm	ϕ_4/mm	ϕ_5/mm	L/mm	ϕ/mm	
NXQ1-L0.25/·-H		0.25	M22×1.5							260	56	2
NXQ1-L0.4/·-H		0.4		—	—	—	—	—	—	260	89	3
NXQ1-L0.63/·-H		0.63	M27×2							320		3.5
NXQ1-L1/·-H		1								330	114	5.5
NXQΔ-L/F 1.6/·-H12.5		1.6								365		12.5
NXQΔ-L/F 2.5/·-H		2.5	M42×2	50	42	50	97	130	17	430	152	15
NXQΔ-L/F 4/·-H		4								540		18.5
NXQΔ-L/F 6.3/·-H	10,20,31.5	6.3								710		25.5
NXQΔ-L/F 10/·-H		10								650		42
NXQΔ-L/F 16/·-H		16	M60×2	70	50	65	125	160	21	860	219	57
NXQΔ-L/F 25/·-H		25								1160		77
NXQΔ-L/F 40/·-H		40								1680		113
NXQΔ-L/F 40/·-H		40								1050		127
NXQΔ-L/F 63/·-H		63	M72×2	80	70	80	150	200	26	1470	299	167
NXQΔ-L/F 80/·-H		80								1810		208
NXQΔ-L/F 100/·-H		100								2190		250
NXQΔ-L/F 150/·-H		150	M80×3	90	80	90	170	230	28	2450	351	445

注："Δ"为结构形式 1、2。

7.5.2 活塞式蓄能器

1）型号说明

活塞式蓄能器的型号说明如下。

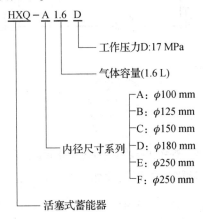

$$HXQ-A\ 1.6\ D$$

- 工作压力D:17 MPa
- 气体容量(1.6 L)
- 内径尺寸系列
  - A：$\phi 100$ mm
  - B：$\phi 125$ mm
  - C：$\phi 150$ mm
  - D：$\phi 180$ mm
  - E：$\phi 250$ mm
  - F：$\phi 250$ mm
- 活塞式蓄能器

2）技术规格

活塞式蓄能器技术规格如表7-73所示。

表 7-73 活塞式蓄能器技术规格

型号	气体容积/L	压力/MPa		质量/kg
		最高工作压力	耐压	
HXQ-A1.0D	1.0			18
HXQ-A1.6D	1.6			20
HXQ-A2.5D	2.5			24
HXQ-B4.0D	4.0			42
HXQ-B6.3D	6.3	17.0	25.5	51
HXQ-B10	10			67
HXQ-C16D	16			110
HXQ-C25D	25			147
HXQ-C39D	39			208
HXQ-D16Z	16			149
HXQ-D25Z	25			176
HXQ-D40Z	40			222
HXQ-E40Z	40			279
HXQ-E63Z	63	20	27	358
HXQ-F63Z	63			382
HXQ-F80Z	80			428
HXQ-F100Z	100			483

3）外形尺寸

（1）管式连接。管式连接的 HXQ 型活塞式蓄能器结构图如图 7-59 所示。

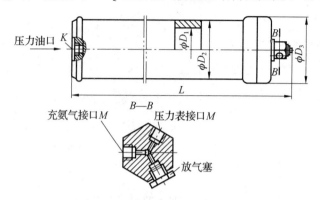

图 7-59　管式连接的 HXQ 型活塞式蓄能器结构图

管式连接 HXQ 型活塞式蓄能器外形尺寸如表 7-74 所示。

表 7-74　管式连接 HXQ 型活塞式蓄能器外形尺寸　　　　　　单位：mm

型号	公称通径	D_1	D_2	D_3	L	K	M
HXQ-A1.0D	20	100	127	145	327[1] 324[2]	3/4 in[1] M27×2[2]	M12×1.25
HXQ-A1.6D	20				402[1] 399[2]	3/4 in[1] M27×2[2]	
HXQ-A2.5D		100	127	145	517[1] 514[2]		
HXQ-B4.0D	25	125		185	557[1] 562[2]	1 in[1] M33×2	
HXQ-B6.3D		125		185	747[1] 752[2]		
HXQ-B10	25				1 057[1] 1 062[2]		
HXQ-C16D		150	194	220	1 177		
HXQ-C25D		150	194	220	1 687		
HXQ-C39D					2 480		

注：（1）①为榆次液压有限公司的产品数据；

　　（2）②为四平液压件厂的产品数据。

（2）法兰连接。法兰连接的 HXQ 型活塞式蓄能器结构图如图 7-60 所示。

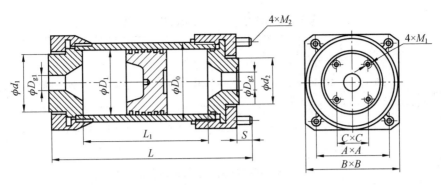

图7-60 法兰连接的 HXQ 型活塞式蓄能器结构图

法兰连接的 HXQ 型活塞式蓄能器外形尺寸如表7-75所示。

表7-75 法兰连接的 HXQ 型活塞式蓄能器外形尺寸　　　　单位：mm

型号	D_1	D_0	L	L_1	M_1	M_2	S	A	B	C	d_1	d_2	D_{g1}	D_{g2}
HXQ-D16Z			948	834										
HXQ-D25Z	180	212	1 302	1 188	M16	M24	28.2	190	260	73	145	140	30	40
HXQ-D40Z			1 892	1 778										
HXQ-E40Z	200	240	1 618	1 494	M16	M24	33	230	290	73	150	140	50	50
HXQ-E63Z			2 350	2 226										
HXQ-F63Z	250	292	1 668	1 544	M20	M30	43	250	340	103	200	160	65	65
HXQ-F80Z			2 014	1 890										80	80
HXQ-F100Z			2 424	2 300										

7.6　空气过滤器

空气过滤器的型号说明、技术规格和外形尺寸如下。

1）型号说明

QUQ 型过滤器型号说明如下。

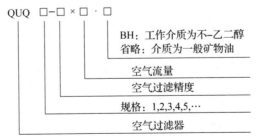

QUQ　□-□×□·□

BH：工作介质为不-乙二醇
省略：介质为一般矿物油

空气流量

空气过滤精度

规格：1,2,3,4,5,…

空气过滤器

2）技术规格

QUQ 型空气过滤器技术规格如表7-76所示。

表7-76 QUQ型空气过滤器技术规格

型号	QUQ₁			QUQ₂			QUQ₂.₅			QUQ₃			QUQ₄			QUQ₅		
空气过滤精度/μm	10	20	40	10	20	40	10	20	40	10	20	40	10	20	40	10	20	40
空气流量/(m³·min⁻¹)	0.25	0.4	1.0	0.63	1.0	2.5	1.0	2.0	3.0	1.0	2.5	4.0	2.5	4.0	6.3	4.0	6.3	10
油过滤网孔/mm	0.5（可根据用户要求提供其他过滤网孔）																	
温度适用范围/℃	−20 ～ +100																	

注：表中空气流量是空气阻力 $\Delta p = 0.02$ MPa，若工作介质为水-乙二醇，则在型号尾端加BH，例如，QUQ-10×0.63BH。

3）外形尺寸

QUQ型空气过滤器结构图如图7-61所示。

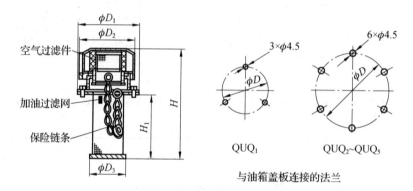

图7-61 QUQ型空气过滤器结构图

QUQ型空气过滤器外形尺寸如表7-77所示。

表7-77 QUQ型空气过滤器外形尺寸　　　　　单位：mm

型号	D	D_1	D_2	D_3	H	H_1	螺栓规格（GB/T 5782—2016）
QUQ₁	41.3	50	44	28	134	82	3×M4×12
QUQ₂	73	83	76	48	159	96	6×M4×12
QUQ₂.₅	110	123	113	76	239	150	6×M4×16
QUQ₃	145	160	150	95	320	195	6×M4×16
QUQ₄	250	280	256	153	379	254	6×M10×20
QUQ₅	280	320	295	197	395	270	6×M12×20

7.7 液位计

液位计的型号说明、技术参数和外形尺寸如下。

1）型号说明

YWZ— ※ T

① ② ③

①—液位计；

②—螺钉中心距（H_1）80～500 mm；

③—T——带温度计，无——不带温度计

2）技术参数

（1）工作温度：-20～100 ℃。

（2）工作压力：0.1～0.15 MPa。

3）外形尺寸

YWZ型液位计结构图如图7-62所示。

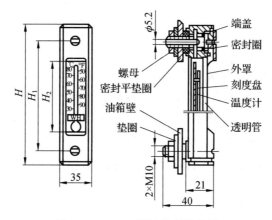

图7-62 YWZ型液位计结构图

YWZ型液位计外形尺寸如表7-78所示。

表7-78 YWZ型液位计外形尺寸　　　　　　单位：mm

型号	H	H_1	H_2
YWZ-80T	107	80	42
YWZ-100T	127	100	60
YWZ-125T	152	125	88
YWZ-127T	154	127	90
YWZ-150T	177	150	100
YWZ-160T	187	160	110

型号	H	H_1	H_2
YWZ-200T	227	200	150
YWZ-250T	277	250	200
YWZ-300T	327	300	250
YWZ-350T	377	350	300
YWZ-400T	427	400	350
YWZ-450T	477	450	400
YWZ-500T	527	500	450

7.8 压力表及压力表开关

1. 压力表

1）型号说明

※—※ ※

① ② ③

①—压力表类型：Y——弹簧管压力表，YN——耐震弹簧管压力表，YZ——弹簧管压力真空表，YX——电接点压力表，YZX——电接点压力真空表，YXB——防爆电接点压力表，YZB——防爆电接点压力真空表；

②—压力表直径，单位为 mm，60、100、150；

③—结构形式：径向无边——省略Ⅰ，径向有边——T 或Ⅱ，轴向无边——Z 或Ⅳ，轴向有边——ZT 或Ⅲ。

2）技术规格

Y 系列压力表技术规格如表 7-79 所示。

表 7-79 Y 系列压力表技术规格

种类	型号	测量范围/ MPa
弹簧管压力表	Y-60，Y-100，Y-150，Y-200	$0 \sim 0.1$，$0 \sim 0.16$，$0 \sim 0.25$，$0 \sim 0.4$，
耐振压力表	YN-60，YN-100，YN-150，	$0 \sim 0.6$，$0 \sim 1$，$0 \sim 1.6$，$0 \sim 2.5$，$0 \sim 4$，
电接点压力表	YX-100，YX-150	$0 \sim 6.0$，$0 \sim 10$，$0 \sim 16$，$0 \sim 25$，$0 \sim 25$，$0 \sim 40$，$0 \sim 60$
弹簧管压力真空表	YZ - 60，YZ - 100，YZ - 150，YZ-200	$-0.1 \sim 0.06$，$-0.1 \sim 0.15$，$-0.1 \sim 0.3$，$-0.1 \sim 0.5$，$-0.1 \sim 0.9$，$-0.1 \sim 1.5$，$-0.1 \sim 2.4$

3）外形尺寸

Y 系列压力表结构图（1）如图 7-63 所示。

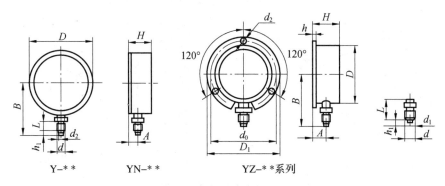

Y-**   YN-**   YZ-**系列

图 7-63 Y 系列压力表结构图（1）

Y 系列压力表外形尺寸（1）如表 7-80 所示。

表 7-80 Y 系列压力表外形尺寸（1）   单位：mm

型号	D	D_1	d_0	A	B	H	h	h_1	L	d	d_1	d_2
Y-60	60	—	—	14	59.5	37	—	3	14	M14×1.5	5	—
Y-100	100	130	118	20	93	48	6	5	20	M20×1.5	6	3×5.5
Y-150	150	180	165	20	121	51	6	5	20	M20×1.5	6	3×5.5
YN-60	64	—	—	11	57	30	2	2	14	M14×1.5	5	—
YN-100	105	120×120	—	16.5	98.5	44.5	3	4	20	M20×1.5	6	4×6
YN-150	156	175	62	20	122	50	3	4	20	M20×1.5	6	3×6.5

Y 系列压力表结构图（2）如图 7-64 所示。

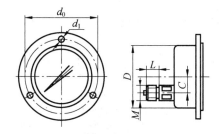

图 7-64 Y 系列压力表结构图（2）

Y 系列压力表外形尺寸（2）如表 7-81 所示。

表 7-81 Y 系列压力表外形尺寸（2）   单位：mm

型号	D	d_0	d_1	C	L	M
Y-60	60	72	4.5	0	14	M14×1.5
Y-100	100	118	5.5	32	20	M20×1.5
Y-150	150	165	5.5	53	25	M20×1.5

Y 系列压力表结构图（3）如图 7-65 所示。

YX-＊＊、YZX-＊＊、YXB-＊＊系列

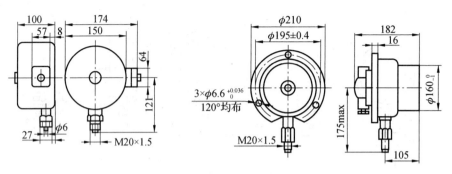

图 7-65　Y 系列压力表结构图（3）

2. KF 型压力表开关

1）型号说明

KF 型压力表开关型号说明如下。

K F—L 8 ／ ※ E ※

① ② ③ ④ ⑤⑥

①—压力表开关；

②—螺纹连接；

③—通径 $\phi 8$；

④—压力表接口：M14，M20；

⑤—压力等级：35 MPa；

⑥进油接口：G——G1/4，省略——M14×1.5。

2）技术参数及外形尺寸

KF 型压力表开关结构图如图 7-66 所示。

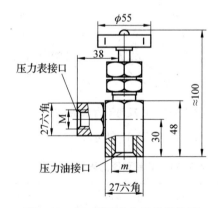

图 7-66　KF 型压力表开关结构图

KF 型压力表开关技术参数及外形尺寸如表 7-82 所示。

表 7-82 KF 型压力表开关技术参数及外形尺寸

型号	通径/mm	压力/MPa	压力表接口螺纹 M	进油接口 m
KF-L8/14E	8	35	M14×1.5	M14×1.5 （G1/4）
KF-L8/20E			M20×1.5	

3. AF6E 型压力表开关

1）型号说明

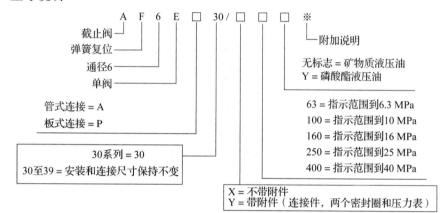

2）技术参数

AF6E 型压力表开关技术参数如表 7-83 所示。

表 7-83 AF6E 型压力表开关技术参数

液压介质	矿物质液压油，磷酸酯液压油
介质温度/℃	−20 ～ +70
介质运动黏度/(mm² · s⁻¹)	2.8 ～ −380
工作压力/MPa	31.5
压力表指示范围/MPa	0.63、10.0、16.0、25.0 和 40.0（指示范围超过最大工作压力30%）

3）外形连接尺寸

AF6E 型压力表开关结构图如图 7-67 所示。

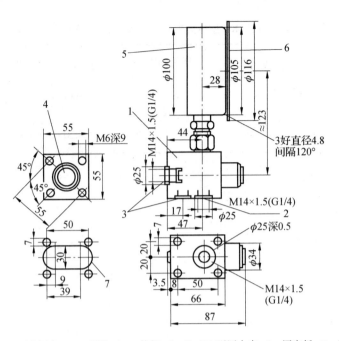

1—压力表开关；2—压力油口；3—回油口；4-按钮；5—Y-100 型压力表；6—固定板；7—底板安装开口。

图 7-67　AF6E 型压力表开关结构图

参考文献

[1] 机械设计手册编委会. 机械设计手册：液压传动与控制 [M]. 北京：机械工业出版社，2009.

[2] 杨培元，朱福元. 液压系统设计手册 [M]. 北京：机械工业出版社，2008.

[3] 谢群，崔广臣，王健. 液压与气压传动 [M]. 2版. 北京：国防工业出版社，2015.

[4] 王洁，苏东海，官忠范. 液压传动系统 [M]. 4版. 北京：机械工业出版社，2015.

[5] 高殿荣，王益群. 液压工程师技术手册 [M]. 2版. 北京：化学工业出版社，2015.

[6] 张利平. 液压传动系统设计及使用维护 [M]. 北京：化学工业出版社，2014.

[7] 周恩涛. 液压系统设计元器件选型手册 [M]. 北京：机械工业出版社，2007.

[8] 红英发，程国珩. 液压与气动技术 [M]. 沈阳：东北大学出版社，1996.

[9] 王积伟，章宏甲，黄谊. 液压与气压传动 [M]. 2版. 北京：机械工业出版社，2005.

[10] 雷天觉. 新编液压工程手册 [M]. 北京：北京理工大学出版社，1999.

[11] 韩桂华，时玄宇，樊春波. 液压系统设计技巧与禁忌 [M]. 北京：化学工业出版社，2014.

[12] 李松晶，王清岩. 液压系统经典设计实例 [M]. 北京：化学工业出版社，2012.

[13] 姜继海. 液压传动 [M]. 3版. 哈尔滨：哈尔滨工业大学出版社，2006.

[14] 成大先. 机械设计手册 [M]. 北京：化学工业出版社，2004.

[15] 蔡春源. 机械零件设计手册：液压传动和气压传动 [M]. 北京：冶金工业出版社，1979.

[16] 周士昌. 液压系统设计 [M]. 北京：机械工业出版社，2004.

[17] 王晓晶，王昕，胡志栋，等. 液压系统设计实例教程 [M]. 北京：北京化学工业出版社，2015.

[18] 章宏甲，周邦俊. 金属切削机床液压传动 [M]. 南京：江苏科学技术出版社，1989.

[19] 宋锦春，苏东海，张志伟. 液压与气压传动 [M]. 北京：科学出版社，2006.

[20] 李壮云. 液压元件与系统 [M]. 3版. 北京：机械工业出版社，2011.

［21］张利平. 现代液压技术应用 220 例［M］. 北京：化学工业出版社，2004.

［22］李壮云. 液压元件与系统［M］. 北京：机械工业出版社，2005.

［23］杨曙东，何存兴. 液压传动与气压传动［M］. 3 版. 武汉：华中科技大学出版社，2008.